U1075407

《互联网网络安全设施工程技术标准》实施指南

HULIANWANG WAHGLUO ANQUAN SHESHI GONGCHENG JISHU BIAOZHUN SHISHI ZHINAN

中通服咨询设计研究院有限公司
华信咨询设计研究院有限公司　组织编写
广东省电信规划设计院有限公司

中国计划出版社

北　京

版权所有 侵权必究

本书环衬使用中国计划出版社专用防伪纸，封面贴有中国计划出版社专用防伪标，否则为盗版书。请读者注意鉴别、监督！

侵权举报电话：(010)63906404

如有印装质量问题，请寄本社出版部调换(010)63906420

图书在版编目（CIP）数据

《互联网网络安全设施工程技术标准》实施指南 / 中通服咨询设计研究院有限公司，华信咨询设计研究院有限公司，广东省电信规划设计院有限公司组织编写. -- 北京 : 中国计划出版社，2022.4

ISBN 978-7-5182-1437-2

Ⅰ. ①互… Ⅱ. ①中… ②华… ③广… Ⅲ. ①互联网络－网络安全－安全设备－工程施工－国家标准－中国－指南 Ⅳ. ①TP393.08-65

中国版本图书馆CIP数据核字(2022)第055398号

责任编辑：张　颖　　封面设计：韩可斌

责任校对：杨奇志　李　晗　　责任印制：康嫒嫒　王亚军

中国计划出版社出版发行

网址：www.jhpress.com

地址：北京市西城区木樨地北里甲 11 号国宏大厦 C 座 3 层

邮政编码：100038　电话：(010) 63906433（发行部）

三河富华印刷包装有限公司印刷

850mm×1168mm　1/32　3 印张　73 千字

2022 年 4 月第 1 版　2022 年 4 月第 1 次印刷

定价：21.00 元

本书编写人员

主　　编：王小鹏　中通服咨询设计研究院有限公司

副 主 编：董育萍　华信咨询设计研究院有限公司

莫晓楠　广东省电信规划设计院有限公司

编写人员：杨　波　中通服咨询设计研究院有限公司

叶　挺　华信咨询设计研究院有限公司

高丽芬　中通服咨询设计研究院有限公司

王　昊　中通服咨询设计研究院有限公司

李健珝　中通服咨询设计研究院有限公司

李秀琦　华信咨询设计研究院有限公司

平　彦　华信咨询设计研究院有限公司

吴春德　广东省电信规划设计院有限公司

审查人员：朱晨鸣　石启良　景建新

前　言

国家标准《互联网网络安全设施工程技术标准》GB/T 51434—2021已经发布，自2021年10月1日起实施。为方便互联网网络安全工程相关的建设单位、设计单位、集成实施单位和运行维护单位更详细地了解《互联网网络安全设施工程技术标准》相关条文的内涵和外延，更好地贯彻实施条文的具体要求，《互联网网络安全设施工程技术标准》编制组同步编制了《〈互联网网络安全设施工程技术标准〉实施指南》（以下简称《实施指南》）。

《实施指南》是依据《互联网网络安全设施工程技术标准》进行编制的，并与其配合使用，为互联网网络安全设施工程建设提供更为具体的技术指导。《实施指南》章节编排与《互联网网络安全设施工程技术标准》基本对应，第1、2章对互联网网络安全工程建设的基本原则、相关术语、总体要求等做了阐释，第3～7章对《互联网网络安全设施工程技术标准》技术条文逐条给出了【条文说明扩展】和【实施方案举例】。【条文说明扩展】主要是对标准正文技术内容的细化和补充说明，原则上不重复原有条文说明内容。【实施方案举例】主要是通过一些工程实施案例来对标准技术条文的实施进行具体的示范说明，明确标准实施中的一些要点。

各单位在《实施指南》阅读和使用过程中如有任何意见或建议，请反馈给中通服咨询设计研究院有限公司（地址：江苏省南京市建邺区楠溪江东街58号，邮政编码：210019，邮箱：wangxiaopeng.cicdi@chinaccs.cn）。

本书编制组

目　录

1 总　　则

1.0.1 为规范我国互联网网络安全设施工程建设，确保网络安全设施与互联网业务系统同步规划、同步建设、同步使用，做到技术先进、经济合理、安全适用，制定本标准。

【条文说明扩展】

网络安全与信息化是一体之双翼、驱动之双轮，随着数字中国和网络强国战略的推行，互联网与社会经济、生产生活的关系日益紧密，网络安全的重要性也越发受到全社会的关注。2017 年 6 月 1 日起正式施行的《中华人民共和国网络安全法》明确："建设关键信息基础设施应当确保其具有支持业务稳定、持续运行的性能，并保证安全技术措施同步规划、同步建设、同步使用。"我国相当数量的关键信息基础设施为互联网业务系统，制定一套互联网网络安全工程技术标准，遵循技术先进、经济合理、安全适用的原则开展相关工程建设工作，为互联网业务和数字中国保驾护航，具有十分重要的意义。

1.0.2 本标准适用于互联网网络安全设施的新建、改建和扩建工程，涵盖互联网网络安全工程规划、设计、施工、验收、运维全过程的技术要求。

【条文说明扩展】

互联网网络安全工程主要包括互联网网络安全设施新建工程、改建工程和扩建工程三类，本标准涵盖这三类工程从前期规划设计，到中期施工验收，直至后期运行维护全过程的相关技术要求。其他非面向公共互联网业务的如企业内网及专网网络安全工程可参照本标准执行。

1.0.3 互联网网络安全设施工程建设应贯彻国家网络安全管理方针政策和技术经济政策，同时应密切结合互联网业务快速发展的实际，充分考虑网络安全设施的弹性扩容升级能力。

【条文说明扩展】

近年来国家高度重视网络安全工作，相关部门就网络安全管理和网络安全技术出台了一系列的政策和要求，包括网络安全等级保护制度、关键信息基础设施安全保护制度、网络安全审查制度、个人信息和重要数据管理制度等。已发布的网络安全工程相关主要现行法律法规参见表1。

表1　网络安全工程相关现行法律法规

序号	法律法规名称	发布单位	生效日期
1	《中华人民共和国网络安全法》	全国人民代表大会常务委员会	2017年6月1日
2	《中华人民共和国密码法》	全国人民代表大会常务委员会	2020年1月1日
3	《中华人民共和国电子商务法》	全国人民代表大会常务委员会	2019年1月1日
4	《中华人民共和国计算机信息系统安全保护条例》	国务院	2011年1月8日
5	《信息安全等级保护管理办法》	公安部等四部委	2007年6月22日
6	《网络安全审查办法》	国家互联网信息办公室等十三部门	2022年2月15日

同时我国互联网业务发展迅速，各类互联网业务不断涌现，注册用户数和活跃用户数屡创新高，对网络安全设施的功能和性能都提出了全新的要求。

互联网网络安全工程建设一方面需要严格贯彻落实国家网络安全相关的管理要求和技术要求，在合规的前提下开展建设；另一方面需要充分分析所防护的互联网业务发展规模和发展速度，在网络安全工程的规划设计和设备选型等方面充分考虑网络安全设施在功能和性能方面的弹性扩容升级能力。

1.0.4 互联网网络安全工程建设应充分调查分析互联网业务系统的网络安全需求及运营维护需求，并应考虑新业务、新技术对网络安全设施架构、功能、性能的影响。

【条文说明扩展】

网络安全工程建设前期需要做好工程建设的需求调研工作，网络安全工程需求调查分析主要包括两个方面：一是互联网业务系统自身可用性、完整性、保密性等方面的网络安全保障需求；二是网络安全设施日常运行维护、事件响应等方面的网络安全运营管理需求。需求调研的对象既包括互联网业务部门，也包括网络安全运营保障部门。

此外，随着5G、大数据、人工智能等新技术的引入，我国互联网业务将快速发展和空前繁荣，各类互联网新业务、新技术将不断涌现。在进行网络安全需求分析时需要针对新业务、新技术做好网络安全风险评估工作，重点研究分析互联网新业务、新技术对网络安全设施在体系架构、防护功能、防护性能等方面的特定要求。

1.0.5 互联网网络安全设施工程建设应充分利用已有的网络安全设施，通过安全能力共享、集中管控等方式进行集约化建设。

【条文说明扩展】

互联网网络安全工程建设需要对已有的网络安全设施现状进行调查分析，遵循安全设施集约化建设的原则，通过安全能力资源共享、技术手段统一纳管等方式充分利用已有的网络安全设施和安全能力，在避免投资浪费的同时节约后续安全运营成本。

互联网网络安全工程新增的网络安全设施应和已有的网络安全设施实现数据互通、相互联动，形成一体化的网络安全防护监测和处置能力。

1.0.6 互联网网络安全设施工程建设除应执行本标准外，尚应符合《信息安全技术　信息系统安全工程管理要求》GB/T 20282等国家现行有关标准的规定。

【条文说明扩展】

本标准侧重于互联网网络安全工程全过程的相关技术要求，对于网络安全工程建设中所涉及的各类具体软硬件系统的相关技术要求，还应参照全国信息安全标准化技术委员会（TC260）和中国通信标准化协会（CCSA）等标准化组织所拟定的网络安全现行国家标准和行业标准的规定。在工程建设管理方面应参照现行国家标准《信息安全技术 信息系统安全工程管理要求》GB/T 20282 等相关标准的规定。与互联网网络安全设施工程关系较紧密的常用技术标准参见表 2。

表 2 互联网网络安全工程常用技术标准

序号	标准编号	标准名称	实施时间
1	GB/T 20282—2006	信息安全技术 信息系统安全工程管理要求	2006 年 12 月 1 日
2	YD/T 2243—2016	电信网和互联网信息服务业务系统安全防护要求	2016 年 10 月 1 日
3	YD/T 3148—2016	云计算安全框架	2016 年 10 月 1 日
4	GB/T 35274—2017	信息安全技术 大数据服务安全能力要求	2018 年 7 月 1 日
5	GB/T 35279—2017	信息安全技术 云计算安全参考架构	2018 年 7 月 1 日
6	GB/T 37002—2018	信息安全技术 电子邮件系统安全技术要求	2019 年 7 月 1 日
7	GB/T 37044—2018	信息安全技术 物联网安全参考模型及通用要求	2019 年 7 月 1 日
8	GB/T 36957—2018	信息安全技术 灾难恢复服务要求	2019 年 7 月 1 日

续表 2

序号	标准编号	标准名称	实施时间
9	GB/T 36958—2018	信息安全技术 网络安全等级保护安全管理中心技术要求	2019年7月1日
10	GB/T 37095—2018	信息安全技术 办公信息系统安全基本技术要求	2019年7月1日
11	YD/T 3452—2019	互联网用户账户管理系统安全技术要求	2019年10月1日
12	YD/T 3472—2019	电信运营商的大数据应用业务安全技术要求	2019年10月1日
13	GB/T 25070—2019	信息安全技术 网络安全等级保护安全设计技术要求	2019年12月1日
14	GB/T 22239—2019	信息安全技术 网络安全等级保护基本要求	2019年12月1日
15	GB/T 25058—2019	信息安全技术 网络安全等级保护实施指南	2020年3月1日
16	GB/T 37971—2019	信息安全技术 智慧城市安全体系框架	2020年3月1日
17	GB/T 38249—2019	信息安全技术 政府网站云计算服务安全指南	2020年5月1日
18	YD/T 3642—2020	互联网域名服务信息安全管理系统技术要求	2020年7月1日
19	YD/T 3644—2020	面向互联网的数据安全能力技术框架	2020年7月1日
20	GB/T 35273—2020	信息安全技术 个人信息安全规范	2020年10月1日

续表 2

序号	标准编号	标准名称	实施时间
21	GB/T 38561—2020	信息安全技术 网络安全管理支撑系统技术要求	2020 年 10 月 1 日
22	GB/T 22240—2020	信息安全技术 网络安全等级保护定级指南	2020 年 11 月 1 日
23	GB/T 38638—2020	信息安全技术 可信计算 可信计算体系结构	2020 年 11 月 1 日
24	GB/Z 38649—2020	信息安全技术 智慧城市建设信息安全保障指南	2020 年 11 月 1 日

2 术语和缩略语

2.1 术 语

2.1.1 互联网业务系统 internet service system

通过计算机网络向公众提供信息服务的业务系统，由服务器、交换机、路由器、数据库、操作系统、应用软件等硬件和软件设备组成。

2.1.2 互联网网络安全设施 internet security facilities

为保障互联网业务系统的安全性、保密性和可用性而建设的网络安全防护设施、安全监测设施、安全响应设施和安全恢复设施等技术设施。

2.1.3 互联网网络安全设施工程 internet security facilities engineering

对互联网网络安全设施进行规划、设计、实施、验收、运行维护等工作的过程。

2.1.4 安全防护设施 network security protection facilities

保护互联网业务系统的安全性、保密性和可用性免受外部破坏的网络安全设施。

2.1.5 安全监测设施 network security detecting facilities

监测互联网业务系统安全威胁、安全漏洞和安全事件等的网络安全设施。

2.1.6 安全响应设施 network security response facilities

对网络攻击行为的分析、溯源、阻断、取证等响应处置工作提供技术支撑的网络安全设施。

2.1.7 安全恢复设施 network security recovery facilities

在网络安全攻击等突发事件和地震水灾等自然灾害发生后即

时响应并快速恢复数据和业务的网络安全设施。

2.1.8 恢复时间目标 recovery time objective

灾难发生后，信息系统或业务功能从停顿到必须恢复的时间要求。

2.1.9 恢复点目标 recovery point objective

灾难发生后，系统和数据必须恢复到的时间点要求。

2.2 缩 略 语

IP(Internet Protocol)	互联网协议
RPO(Recovery Point Objective)	恢复点目标
RTO(Recovery Time Objective)	恢复时间目标
SDN(Software Defined Network)	软件定义网络
SNMP(Simple Network Management Protocol)	简单网络管理协议
SSH(Secure Shell)	安全外壳协议

3 网络安全设施工程规划

3.0.1 网络安全设施工程规划应保证互联网业务的持续稳定运行，应对网络安全威胁和攻击行为进行有效的防御和监测，并应支撑安全事件应急处置和业务灾备恢复。

【条文说明扩展】

网络安全设施工程规划的重点是：在现有法律法规、政策的要求下，以保证互联网业务持续稳定运行为首要目标，综合考虑网络信息系统的安全需求、系统现状及项目预算等因素，对网络安全设备设施进行总体规划，以应对互联网业务系统可能面临的网络安全威胁。

互联网业务系统面临的网络安全威胁，主要包括自然及社会灾害、内部人员不规范行为、黑客恶意攻击等。

(1)自然及社会灾害。

自然灾害主要包括地震、洪涝、飓风等，社会灾害主要包括火灾、战争、恐怖袭击等。这些灾害会对互联网业务系统的物理环境、电力供应等产生重大影响，从而直接对系统的稳定运行产生损害。

(2)内部人员不规范行为。

内部人员的不规范行为包括系统维护管理不当、使用弱口令、数据窃取和泄露、内部系统攻击等。内部威胁的产生，一方面是由于相关人员缺乏安全意识和网络防护技能知识，另一方面是出于获取经济利益或对企业恶意打击报复的目的。

(3)黑客恶意攻击。

黑客的攻击手段多样且不断更新迭代，且有团体化甚至国家化的趋势，给网络的安全防护带来了严峻的挑战。

总的来说，面对日趋严峻的网络安全威胁形势，需要从提升互联网业务系统网络安全防护、安全监测、安全响应和安全恢复能力等方面着手，尽力将网络安全威胁对互联网业务系统所可能产生的负面影响和损失降低到可接受的范围。

安全防护能力是指采取网络安全相关手段与措施，使得互联网业务系统的网络、系统、应用、数据等具备防范和抵御相关网络安全威胁的能力。安全防护设施包括但不限于访问控制设施、用户认证授权设施、入侵防御设施、异常流量清洗设施、病毒过滤设施、垃圾邮件过滤设施等。

安全监测能力是指采取相关手段与措施，对互联网业务系统的网络、系统等进行持续性的监测和监控，以便识别其中存在的威胁和弱点。安全监测设施包括但不限于入侵检测设施、漏洞扫描检测设施、网站安全监测设施、病毒扫描检测设施、攻击诱捕设施、数据安全监测设施、安全态势感知设施等。

安全响应能力是指发生网络安全突发事件时，互联网业务系统具备及时响应、快速定位网络攻击行为并高效处置所遭受的安全事件的能力。安全响应设施包括但不限于应急预案管理设施、攻防演练设施、应急响应设施、安全指挥调度设施、安全审计设施、流量清洗设施等。

安全恢复能力是指发生网络安全突发事件时，互联网业务系统具备的业务和数据恢复能力。安全恢复设施包括但不限于数据备份系统、备用数据处理系统、备用网络系统和备用基础设施等。

网络安全工程规划的目标是与互联网业务系统的规划同步，通过综合规划网络安全防护、监测、响应和恢复设施以保障互联网业务系统的连续稳定运行，使得互联网网络安全设施具备与所保障的业务系统所面临的网络安全威胁和攻击相匹配的安全防护监测和响应恢复能力。

3.0.2 网络安全设施工程规划应满足互联网业务系统近、远期发展等对网络安全防护、网络安全监测、网络安全响应、网络安全恢复的需求，并应符合现行国家标准《信息安全技术　网络安全等级保护基本要求》GB/T 22239的有关规定。

【条文说明扩展】

网络安全设施工程规划需要面向互联网业务发展的未来，关注其近、远期的发展目标及对网络安全保障的需求，为互联网业务系统同步规划相应的网络安全设施，构建其抵御网络安全风险的能力。

(1)规划步骤。

调研现状：明确网络安全设施工程规划所要保障的目标业务系统，通过访谈或查阅资料的方式，了解互联网业务系统的构成，包括网络拓扑、业务应用、业务流程、设备信息、安全措施状况等。

确立目标：根据互联网业务系统的业务类型、业务形态、业务规模、影响覆盖范围以及业务系统自身的发展规划，确定业务系统的网络安全保护等级和保障目标，从而明确安全设施工程规划的相应目标。

需求分析：对互联网业务系统开展调研分析，分析系统的网络安全现状以及可能存在的网络安全风险。同时对照相关法律法规及监管单位的相关网络安全要求，从网络安全防护、网络安全监测、网络安全响应、网络安全恢复四个角度来分别分析系统近、远期的安全需求。通过现场调研、人员访谈、资料查阅、记录核验等方式对互联网业务系统的网络安全管理和技术体系进行全方位评估，评估互联网业务系统现有的安全保护水平与法律法规、技术要求及技术标准之间的差距，判断各方面与规划目标的符合程度，整理并逐项分析不达标项，梳理出网络安全设施工程建设总体需求。

方案规划：结合上述网络安全设施工程建设需求，根据互联网业务系统的现况及中长期发展规划，参照相关网络安全体系建设标准规范确定规划期内网络安全设施建设的总体方案、具体建设内容和分步实施方案。相关方案应符合现行国家标准《信息安全技术　网络安全等级保护基本要求》GB/T 22239 的有关规定。

(2)规划原则。

依法合规原则：在网络安全设施工程规划中，所采用的规划建设思路、总体建设方案、建设内容等应符合网络安全有关法律法规的规定，如规划方案应满足《中华人民共和国网络安全法》和等级保护的相关要求、涉及密码应用的相关设施建设应符合《中华人民共和国密码法》的规定、重要领域的网络安全设施建设应符合《网络安全审查办法》的规定等。

风险平衡原则：对于任何一个互联网业务系统，绝对安全都是难以实现的，很多时候也不是必须的。安全设施工程的规划应平衡安全风险和建设投入之间的关系，在有限的工程建设投入下实现网络安全风险管控的最优化。

分级保护原则：互联网业务系统不同的组件其安全保障的要求也是不一样的，宜根据各组件的业务规模、业务影响范围、发生安全事件造成的损失程度等科学确定网络安全防护等级，明确安全保障重点，根据不同的安全等级进行相应的安全设施建设规划。

纵深防护原则：所有的安全设施都存在被攻破或绕过的风险，在安全设施工程规划中，为确保互联网业务系统的安全性，应通过构建立体化多层次的安全防护体系，通过多种安全设施相互补充、层层设防、相互联动，提升整体的安全保障能力。

逐步推进原则：基于政策、环境、安全需求的动态变化以及安全攻防技术演进的考虑，可优先构建基础的网络安全保障技术体系，优先满足急需的、必要的安全需求，坚持基础先行、急用先建。随着互联网业务的迭代演进以及网络安全需求的变化，不断完善、调整和增强安全保障技术手段，分阶段逐步推进整个网络安全设施体系的建设。

3.0.3 网络安全设施的功能性能需求和建设规模应根据互联网业务发展规划、用户数量、网络带宽、网络资产规模、网络安全管理需求等确定。

【条文说明扩展】

网络安全设施的规划需要跟所保障的互联网业务发展规划相同步，网络安全设施的整体及各分项的功能指标、性能指标、建设规模等需要依据互联网业务发展规划以及业务系统现有及未来的用户数量、网络带宽、网络资产规模、网络安全管理需求等来确定。在网络安全设施规划中，网络安全设施的技术架构和功能设计应具备一定的技术前瞻性和先进性，便于后期进行新功能和新技术的扩展，在安全设施性能和建设规模的规划上应考虑一定的系统冗余，以应对突发高强度安全事件下的安全保障需求，且易于升级扩容。

3.0.4 网络安全设施组织方案和近、远期演进路线应根据现有网络安全设施使用情况、互联网业务系统发展规划及业务预测、网络安全技术发展情况确定。

【条文说明扩展】

网络安全设施规划应清晰地定义和描述为互联网业务系统所建立的网络安全设施目标功能及体系架构，以及为实现这种目标架构所需要开展的工程建设步骤，需要从全局和近远期的视角对后续的安全设施体系建设和演进路线进行论证和阐述。

安全需求调研：了解和调查互联网业务系统建设的现况、发展规划、业务预测、近远期建设目标以及现有网络安全设施的使用情况，结合网络安全技术的最近发展情况，分析急迫和关键的安全问题，明确网络安全设施建设的主体内容和拟采取的技术体系及技术路线等。

规划期分阶段目标：明确安全设施在规划期内所要实现的总体目标并制定安全设施近期内首先要实现的目标，重点解决当前急迫和关键的问题，在短期内业务系统的安全保障能力能够快速补齐短板。

实施路径及重点举措：根据安全设施规划最终目标和总体建设方案，拟定各阶段的主要建设任务，并细化为特定的安全设施建设项目，明确项目之间的关联关系和安全设施技术演进路线。根据规划期各阶段规划目标和建设内容，对所有安全建设项目进行统筹编排，编制建设时序表和投资预算表，形成详细的安全设施建设项目计划。

【实施方案举例】

（1）现有网络安全设施调研。

调研互联网业务系统现有配套的网络安全设施的网络架构、配置现状及运行情况等，设施配置及运行情况可参考表3。

表3 安全设施配置及运行情况表

序号	设施类别	设施名称	基础信息				运行情况						
			品牌型号	配置参数	部署日期	设备数量	覆盖范围	安全策略	CPU利用率	内存利用率	带宽利用率	许可利用率	存在问题
1	网络安全防护能力	防火墙											
2		IPS											
3		WAF											
4		……											
5	网络安全监测能力	IDS											
6		漏洞扫描											
7		网站监测											
8		……											

续表 3

序号	设施类别	设施名称	基础信息				运行情况						
			品牌型号	配置参数	部署日期	设备数量	覆盖范围	安全策略	CPU利用率	内存利用率	带宽利用率	许可利用率	存在问题
9	网络安全响应能力	攻防演练设施											
10		安全审计											
11		……											
12	网络安全恢复能力	数据备份系统											
13		……											

(2)网络安全需求预估。

对规划期内各阶段网络安全需求开展预估分析,可参考表4。

表 4　网络安全需求预估表

项目	第1阶段	第2阶段	第3阶段	……
安全认证规模				
过滤流量带宽				
防护主机数量				
安全监测规模				
安全审计规模				
数据备份规模				
……				

安全需求规模可以是用户数、纳管的设备数量、防护的流量带宽等。根据需要保障的互联网业务发展规模,结合相关安全设施

运行现状分析，预估规划期内各网络安全设施的功能和性能需求。

(3)安全设施演进路线。

网络安全设施演进应遵循“大处规划、小处着眼、统筹协调、分步实施”的原则，结合网络安全技术发展及成熟度情况，构建具有较好技术前瞻性和可扩展性的网络安全设施技术体系架构，结合业务发展需求、监管合规要求及技术演进情况，科学合理制定技术演进路线。

1)根据“网络安全被动防御能力向主动检测处置能力转换”的总的规划演进路线。规划期近期主要对系统的网络安全关键防护能力查漏补缺，中远期逐渐完善系统的网络安全监测能力、响应能力和恢复能力。

2)遵循任务推进顺序或者技术发展成熟度规划演进路线。以增强互联网业务系统“数据安全保障能力”为例，根据数据安全产品的技术成熟度，可采取下列演进路线：数据资产管理→数据管控→行为异常监测。

3.0.5 网络安全设施工程规划应处理好整体和局部的关系，全局通用的网络安全设施宜采用集中建设、能力共享的模式。

【条文说明扩展】

网络安全设施是一个系统工程，在开展规划的过程中需要有全局观和整体观，所有相关的网络安全设施应该作为一盘棋统筹考虑。应充分利用安全能力服务化等技术实现各类安全能力集中纳管和统一调度，对于类似漏洞检测、日志审计、统一认证、态势感知等全局通用的可供多个业务系统共用的安全设施宜采用集中建设、能力共享的模式进行工程规划和建设。不但可以大幅降低工程建设的投资，而且可以大幅提升后续的安全设施运维管理的效率。

3.0.6 网络安全设施工程规划应进行多种方案的技术经济比较。

【条文说明扩展】

网络安全工程规划中所采取的技术方案尤其是重要的技术架

构和技术路线应综合分析比对多种可供选择的方案，需要对各个技术方案的先进性、适用性、可靠性和经济性等方面进行多维度的分析、比较和评价，择优选取最佳方案。多种技术方案比较应预先设定评价比较的原则和方法，尽可能客观、全面地对每类方案做出科学评价，可采用定量和定性分析相结合的方式，必要时可通过召开方案论证分析会的方式广泛征求多方意见。

4 网络安全设施工程设计

4.1 一般规定

4.1.1 网络安全设施工程设计所给出的网络安全设施建设路线和技术方案应与网络安全设施规划保持一致,并应在网络安全规划的基础上结合具体的业务场景作进一步的深化。

【条文说明扩展】

网络安全设施工程设计是网络安全设施规划的进一步落实和细化,网络安全设施规划中所明确的建设目标、建设路线和总体技术方案需要通过与此规划相关联的网络安全设施工程设计具体实现。网络安全设施工程设计中所给出的网络安全设施建设思路和技术方案等需要跟前期的网络安全设施规划相关的内容保持一致,并应该根据具体的业务场景和安全防护需求在规划的基础上进行进一步深化设计和定制。例如,安全设施工程规划中提出了安全能力集约化建设、统一管理的总体思路和技术路线,在安全设施工程设计中则应根据具体的业务特点和安全防护能力需求,进一步明确具体需要集中建设的安全能力清单,测算准确集约化建设的安全能力规模,并确定对集约化安全能力进行统一管理和共享的具体方式等。

4.1.2 网络安全设施工程设计应符合互联网业务安全保障相关功能、性能、质量和工程投资等建设项目要求。

【条文说明扩展】

网络安全设施工程的设计需要在安全需求分析的基础上有针对性地进行。安全需求分析则应根据网络安全设施所保障的网络安全业务的具体特点和等级保护要求等来展开,包括网络安全保障的具体功能要求和性能要求等。此外,对于网络安全保障设施的工程质量和投资要求也需要一并在工程设计中进行明确，包括但不限于工程满足年限、抗震防雷、投资概预算等要求。

4.1.3 网络安全体系设计、网络安全技术方案设计、网络安全设施指标设计应根据互联网业务特征和网络安全等级保护相关要求确定。

【条文说明扩展】

网络安全设施工程的设计方案是工程设计的核心内容，工程设计方案由顶向下主要包括网络安全体系设计、网络安全技术方案设计和网络安全设施指标设计。其中，网络安全体系设计主要包括网络安全设施整体架构设计、网络安全设施选择及组合设计、网络安全设施整体安全策略及相互联动设计等；网络安全技术方案设计主要包括安全域划分设计、各安全设施部署及配置方案设计等；网络安全设施指标设计主要包括各安全设施具体的软硬件功能及性能要求设计等。

上述相关设计工作均需要根据网络安全设施所保障的互联网业务特征、拟确定的网络安全保护等级及相应的技术要求来确定具体的、定制化的方案。

4.1.4 对云计算、移动互联网、物联网、SDN、大数据等新技术新应用，应采用定制化的网络安全设计方案，并应符合现行国家标准《信息安全技术　网络安全等级保护安全设计技术要求》GB/T 25070 的有关规定。

【条文说明扩展】

在当前的互联网业务开发中，云计算、移动互联网、物联网、SDN、大数据等新技术应用日益广泛，在带来全新业务形态和用户体验的同时也带来诸多全新的安全风险。针对这些新技术新应用，需要根据其所带来的特定的安全风险采取定制化的网络安全设计方案。在2019年版的国家标准《信息安全技术　网络安全等级保护安全设计技术要求》GB/T 25070中已经对云计算、移动互联网、物联网、工业控制系统等新技术、新应用领域提出了一些特定的安全设计技术要求，在对涉及这些应用领域的网络安全设施开展设计方案编制时应符合相关的技术要求和规定。

4.1.5 网络安全改建和扩建工程，应保证已有网络安全设施的合理利用和充分整合。

【条文说明扩展】

对于网络安全改建和扩建工程，需要在工程设计中首先对现有的网络安全设施架构、软硬件组成、功能性能等现状做充分的调查研究，在设计方案中需要充分考虑已有网络安全设施的利用和整合，使得已有设施成为升级改造后的网络安全整体架构的一个有机组成部分。

4.1.6 网络安全设施工程设计应考虑互联网业务自身特点对安全防护设施、安全监测设施、安全响应设施、安全恢复设施的特定要求，合理配置组合适用的网络安全设施，支撑网络安全管理全过程开展。

【条文说明扩展】

不同种类的互联网业务对相关安全设施的要求是有差异的，安全保障的侧重点也有所不同。例如，视频类的互联网业务需要重点保障业务可用性安全，社交类的互联网业务需要重点保障用户信息安全，新闻类的互联网业务需要重点保障信息内容安全，金融类的互联网业务需要重点保障业务数据安全。根据互联网业务安全保障重点的不同，对网络安全防护设施、监测设施、响应设施、恢复设施相应提出了差异化的功能和性能要求。需要在网络安全设施工程设计中按需配置组合满足相关要求的网络安全设施，以有效支撑对这些互联网业务进行防护、监测、响应、恢复等全过程的网络安全管理工作的开展。

4.1.7 网络安全设施工程设计应做到网络安全纵深防护、精准监测、快速响应、可靠恢复。

【条文说明扩展】

网络安全设施工程设计具体涵盖防护设施、监测设施、响应设施和恢复设施四大类安全设施，设计的总体目标是实现网络安全的纵深防护、精准监测、快速响应和可靠恢复。

纵深防护是指安全防护设施通过合理的安全域划分和安全策略配置，从通信网络、区域边界、计算环境等方面做好多重安全防护工作，增加互联网业务系统被攻破的难度和成本。

精准监测是指安全监测实施通过部署流量及日志采集和数据关联分析手段，及时准确地监测并定位网络安全风险和安全事件。

快速响应是指安全响应设施通过自动化响应平台、应急指挥调度系统等辅助网络安全应急响应人员快速对网络安全事件开展分析、溯源、阻断和取证等工作。

可靠恢复是指安全恢复系统在安全事件发生后能够实现互联网业务和数据的可靠恢复，将安全事件的影响和损失降至最低。

4.1.8 网络安全设施工程设计宜包括下列内容：

1 调查梳理网络与系统现状；

2 明确安全保障目标，包括保障对象、功能及性能目标、投资费用目标等；

3 网络安全威胁及风险评估分析；

4 网络安全体系设计，包括防护体系设计、监测体系设计、响应体系设计、恢复体系设计等；

5 网络安全设施性能设计，包括网络攻击规模预测、数据规模测算、安全保障性能分析等；

6 网络安全设施功能、性能分析和参数设计；

7 设备选型；

8 勘察场地环境，确定最终设备安装配置、线缆布放等方案。

【条文说明扩展】

网络安全设施工程设计宜具体包括如下内容：

(1)现状梳理：对所要保障的互联网业务及已有网络安全设施的网络与系统现状进行调查梳理，包括但不限于网络拓扑、系统架构、软硬件配置等；

(2)明确目标：明确网络安全设施工程建设目标，具体包括所要保障的业务对象范围、所要实现的功能和性能目标（包括需满足的等级保护要求等）、工程项目投资及建设计划目标等；

(3)安全分析：对互联网业务所面临的安全威胁和存在的安全风险进行评估分析，查找网络安全保障的问题和短板，明确网络安全保障的重点和具体建设需求；

(4)体系设计：对网络安全设施的体系架构及安全组件进行详细设计，具体包括安全防护体系设计、安全监测体系设计、安全响应体系设计、安全恢复体系设计等，四类安全设施之间的交互协同关系亦需要统筹考虑；

(5)性能设计：根据业务特点和安全威胁分析结果，对网络攻击进行预测和建模，在此基础上测算网络流量和安全日志等数据的规模，并分析设计安全保障设施所需达到的关键性能指标要求；

(6)设施设计：对各类网络安全防护设施、监测设施、响应设施、恢复设施的具体功能和性能进行分析，在此基础上给出详细的技术参数指标要求设计及采购预算；

(7)设备选型：根据各类安全设施技术参数指标要求，优选满足需求的网络安全产品，并对其设备配置和功能性能进行核实确认；

(8)勘察设计：根据所选网络安全设备的尺寸、功耗、端口等参数，对安全设备拟安装的场地环境进行勘察，确定设备安装的具体位置、电源线及信号线布放方案等，并明确安全设备配置方案。

4.2 安全防护设施

4.2.1 安全防护设施宜包括密码基础设施、访问控制设施、用户认证授权设施、入侵防御设施、异常流量清洗设施、病毒过滤设施、垃圾邮件过滤设施、敏感信息加密设施等。网络安全设施工程设计应根据所保障互联网业务的特点，编制相应的安全防护策略，综合采取多种安全防护设施，完成对网络攻击行为的多层次防御。

【条文说明扩展】

安全防护设施主要用于对互联网业务系统可能遭受的网络攻击进行防御，保障互联网业务的可用性、保密性和完整性。安全防护设施从功能设计上大致可分为两类：一类是对合法的用户、数据和流量等进行鉴别、认证、授权和加密，同时能阻隔一些非法的用户访问，如密码基础设施、访问控制设施、用户认证授权设施、敏感信息加密设施等；另一类是对非法和恶意的行为及流量进行识别和阻拦，如入侵防御设施、异常流量清洗设施、病毒过滤设施、垃圾邮件过滤设施等。各类安全防护设施的主要功能和设计要点如下：

(1)密码基础设施包括密码机、数字证书认证系统、电子签章系统等，作为网络安全基础设施为相关设施提供数据加解密、身份鉴别、数据完整性保护、抗抵赖等支撑服务。密码基础设施宜全局统一建设并应符合《中华人民共和国密码法》及国家商用密码管理的相关要求。

(2)访问控制设施用于关键网络节点和安全域边界，应按确定的控制策略管控网络访问，一般包括网络层的访问控制设施和应用层的访问控制设施。所采用的防火墙产品应符合现行国家标准《信息安全技术　防火墙安全技术要求和测试评价方法》GB/T 20281 的有关规定。

(3)用户认证授权设施应对访问特定网络目标的用户及终端进行身份认证和访问授权，身份认证宜采取静态密码、动态口令、CA 证书等多因子组合认证的方式，访问授权应细化到用户级和系统资源级。用户认证授权设施的处理能力应满足网络安全规划中的用户认证授权需求。用户认证授权设施应部署于所防护系统资源前端，并应作为用户访问相关资源的唯一入口。

(4)入侵防御设施应通过监视并深层次检查网络传输报文及时发现非法的、不正常的、含攻击行为的报文并可实时阻断。所采用的入侵防御产品应符合现行国家标准《信息安全技术　网络型入侵防御产品技术要求和测试评价方法》GB/T 28451 的有关规定。入侵防御设施应采用串接模式部署于系统网络中，宜部署于访问控制设施之后对通过访问控制的报文作进一步的检测和阻断。

(5)异常流量清洗设施应通过流量分析、验证技术对正常业务流量和恶意攻击流量进行识别和分离，应通过丢弃攻击流量以防御 DDoS 攻击、保障互联网业务的正常运行和访问。异常流量清洗设施宜采用旁路方式部署在互联网出口路由器旁，可通过多种方式将清洗后的干净流量回注给系统，应确保正常的业务流量不受影响，并宜通过集群方式进行性能扩展。可与入侵防御设施进行联动，按入侵防御设施的指令执行流量清洗操作。

(6)恶意代码过滤设施应通过对网络中传输的数据进行分析及时识别病毒、木马、蠕虫等恶意代码传输数据并拦截。所采用的防病毒网关产品应符合现行国家标准《信息安全技术　防病毒网关安全技术要求和测试评价方法》GB/T 35277 的有关规定。恶意代码过滤设施应部署于关键网络节点和安全域边界处，宜采用串接的方式，阻止恶意代码通过网络传播。

(7)垃圾邮件过滤设施应通过对网络中传输的邮件数据进行分析及时识别垃圾邮件数据并拦截。所采用的反垃圾邮件产品应符合现行国家标准《信息安全技术　反垃圾邮件产品技术要求和测试评价方法》GB/T 30282 的有关规定。垃圾邮件过滤设施应部署于邮件系统前端，阻止垃圾邮件的接收和发送。

(8)敏感信息加密设施应对系统和网络中流转的敏感数据进行加密处理，预防敏感信息被泄露或窃取，应支持国家密码管理主管部门批准使用的密码算法，并使用国家密码管理主管部门认证核准的密码产品，遵循相关密码管理要求。

网络安全设施工程设计过程中应根据所保障的互联网业务特点，参考等级保护等相关的要求和技术规范，科学选择与业务相匹配的网络安全防护设施，并按照特定的安全策略进行组合和部署，构建立体化多维度的网络安全防护体系，实现对网络攻击的多层次防护。

4.2.2 安全防护设施可按照网络攻击者的常规攻击路径，依次从网络接入、区域边界、计算环境等环节分别部署。

【条文说明扩展】

网络攻击者常规的攻击路径为：接入目标系统外围网络→绕过安全域边界进入核心网络→入侵目标系统计算环境。网络安全防护设施要实现高效抵御网络攻击的目标，按照逐层设防、纵深防御的思路，就需要沿着攻击者的攻击路径从网络接入、区域边界、计算环境等环节分别部署相应的安全防护设施。这种安全防护设施设计的思路跟等级保护设计规范中所提及的“三重防护”即通信网络防护、区域边界防护、计算环境防护是基本一致的。

4.2.3 在网络接入环节可通过部署访问控制设施、用户认证授权设施等对用户和终端的接入和使用网络进行管控，拒绝非授权访问。

【条文说明扩展】

网络接入环节是防御网络攻击的第一道关卡，重点是将非授权用户包括恶意攻击者阻拦在通信网络之外，使之不具备接触目标网络和业务系统的条件。常用的网络安全防护设施包括访问控制设施、用户认证授权设施等，对接入网络的用户和终端进行鉴别认证、访问授权、行为记录等，按照特定的安全策略将非授权的访问进行拒绝，也可采取“零信任”的思路对通过认证授权的访问按需进行细粒度的访问控制。

4.2.4 互联网业务系统应划分安全域，并应根据业务特征在安全域的边界按需部署访问控制设施、入侵防御设施、异常流量清洗设施、病毒过滤设施、垃圾邮件过滤设施，对非法和恶意流量进行识别和拦截。

【条文说明扩展】

互联网业务系统一般包括对外服务组件、业务逻辑组件、核心数据组件等，并同时支持内外部用户及系统的访问。应根据各类组件业务类型和安全重要程度的不同合理划分相应的安全域，将业务类型和安全重要性相近的组件划分至同一安全域。安全域之间一般通过访问控制设施如防火墙等进行区隔，通过访问控制设施上所配置的安全策略来实现安全域间的网络流量管控和安全防护。根据所防护的业务系统及组件的特征，在安全域边界，可在访问控制设施的基础上按需叠加入侵防御设施、异常流量清洗设施、病毒过滤设施、垃圾邮件过滤设施等其他的安全防护设施，对出入安全域边界的非法和恶意流量进行识别和拦截。

4.2.5 计算环境前端可部署敏感信息加密设施，对系统流转的敏感数据进行加密处理和传输，预防敏感信息被泄露或窃取。

【条文说明扩展】

计算环境主要是指互联网业务系统运行所依托的主机计算资源和数据存储资源等，既可以是物理的主机和存储系统，也可以是虚拟化的云计算资源。计算环境下常用的安全防护设施包括安全基线核查系统、补丁管理系统、主机防火墙以及云计算环境下的虚拟化防火墙等。对于涉及敏感数据的计算和存储系统，可在计算环境前端部署敏感信息加密设施，对业务系统流转的流出计算环境的敏感数据进行加密处理和传输，预防敏感信息被泄露或被攻击者窃取。加解密设施一般宜成对部署或合设，在数据接收方的计算环境前端需对加密的数据进行即时解密。

4.2.6 安全防护设施设计应符合下列规定：

1 安全防护系统设计应根据互联网业务面临的网络安全威胁和攻击特征确定，应在满足安全规划要求的前提下，进行针对性纵深安全防护。

2 安全防护设施应根据互联网业务发展需求构建，宜在保持安全防护设施整体架构不变的前提下对防护设施的功能和性能进行按需扩容。

3 安全防护设施宜与网络安全监测设施联动，宜通过动态监测与主动防御相结合，实现精准化、自动化防护。

4 安全防护设施的防护性能应与互联网业务规模相匹配，防护设施配置不应低于预估业务忙时和攻击峰值时的安全防护需求。

【条文说明扩展】

安全防护设施的设计应符合下列规定：

(1)安全防护系统的设计目标是能够对互联网业务系统可能遭受的网络攻击进行防御，所以其设计方案应根据互联网业务所面临的网络安全威胁和攻击特征来确定。如业务系统面临的安全威胁主要是服务拒绝访问(DoS)攻击，则需要侧重针对 DoS 攻击的异常流量清洗设施的设计；如业务系统面临的安全威胁主要是勒索病毒，则需要侧重针对恶意代码的访问控制设施、入侵防御设施、病毒过滤设施等的设计。在具体的设计过程中应遵循前期安全规划的思路和要求，针对业务系统所面临的主要安全威胁开展有纵深安全防护体系的设计。

(2)安全防护设施的建设规模和指标设计要根据所保护的互联网业务的发展需求来确定，考虑到工程建设的时间周期，一般应至少满足到一年后的业务发展所对应的安全防护需求。且从保护安全设施建设投资和保持互联网业务连续性的角度出发，网络安全防护设施在体系架构上宜保持较好的可扩展性，可以在保持安全防护设施整体架构不变的前提下对防护设施的功能和性能进行按需扩容，避免因业务发展等原因短期内推倒重来、对系统做大规模的调整和重新部署。

(3)安全防护设施建设应面向攻击防御，传统的静态被动防御的模式已经逐渐不能满足当前网络攻防的实际需求。建议安全防护设施与安全监测设施联动，通过动态监测与主动防御相结合，及时发现安全攻击行为和攻击事件并针对特定的攻击行为采取快速阻拦、隔离等防护措施，从而实现安全防护的精准化和自动化。

(4)网络安全防护设施的性能需求一般与所防护的互联网业

务规模成正比关系，互联网业务的业务访问量、网络带宽、数据规模等都会对网络安全防护设施尤其是部署在安全域边界的网关型设施的性能提出相应的要求。此外，网络攻击的频度、攻击端数量、攻击流量规模等对防护设施的性能也是重要的考验。所以在开展安全防护设施的性能配置设计时需要做两方面的测算：一方面需要通过适当的业务预测和数学建模，对互联网业务忙时可能产生的数据吞吐量和网络带宽作测算；另一方面需要根据业务系统可能面临的网络攻击进行适当预测和建模，对可能的攻击峰值时的攻击数量和攻击流量进行测算，可能的攻击规模跟互联网业务特征和规模有一定的关联。网络安全防护设施的性能设计一般需要同时满足业务忙时叠加攻击峰值时的安全防护需求，确保即便在遭受大规模网络攻击时，业务也能够持续稳定运行。

4.3 安全监测设施

4.3.1 安全监测设施宜包括入侵检测设施、漏洞扫描检测设施、网站安全监测设施、病毒扫描检测设施、攻击诱捕设施、数据安全监测设施、安全态势感知设施等。网络安全设施工程设计中应根据所保障的互联网业务的特点，编制相应的网络安全监测方案，综合采取多种安全监测设施，实现对安全威胁、安全漏洞和安全事件的及时发现和分析。

【条文说明扩展】

安全监测设施主要用于对网络安全威胁、安全漏洞和安全事件的及时发现和分析。网络安全攻击的手法是多样的，且业务系统和安全防护设施总是会存在一些安全漏洞可能会被攻击者利用，从而攻击者可以沿着攻击路径逐层渗透进目标业务系统。安全监测系统的目标就是尽快、尽早地发现这些安全隐患和攻击行为，在目标业务系统尚未遭到破坏或刚刚遭遇攻击时就能及时发现并告警。各类安全监测设施的主要功能和设计要点如下：

(1)入侵检测设施通过监视并深层次检查网络传输报文及时

发现非法的、异常的、含攻击行为的报文，详细记录并应实时告警。入侵检测设施一般采用旁路的模式部署于系统网络中。

(2)漏洞扫描检测设施通过逐个端口扫描探测等方式批量检测服务器和网络设备开放的端口和服务以发现被检测设备在操作系统、网络服务、数据库、网络应用等存在的安全漏洞及弱口令等安全配置问题。所采用的漏洞扫描产品应符合现行国家标准《信息安全技术 网络脆弱性扫描产品安全技术要求》GB/T 20278的有关规定。漏洞扫描检测设备在网络配置和安全策略设置上应能访问被检测设备的所有端口。

(3)网站安全监测设施可按指定频率对Web网站系统进行持续的安全监测以及时发现非法内容、内容篡改、恶意代码、安全漏洞、响应迟缓等安全风险。网站安全监测设施在网络配置和安全策略设置上应能访问被监测网站的Web服务端口。

(4)病毒扫描检测设施可通过定期扫描主机内存和文件系统等方式及时发现主机上存在的恶意软件，应及时告警，并应对这些恶意软件进行自动或者人工的隔离、删除等操作。所采用的病毒防治产品应符合现行国家标准《信息安全技术 病毒防治产品安全技术要求和测试评价方法》GB/T 37090的有关规定。病毒扫描检测设施应保持病毒特征库的及时更新，在所检测网络范围内宜采用集中式管理中心加分布式代理的模式进行部署，管理中心宜能及时统计分析检测区域内主机病毒感染和处置情况。

(5)攻击诱捕设施可通过布置一些作为诱饵的主机、网络服务或者信息以诱使攻击者对其实施攻击，通过捕捉和分析攻击行为，了解攻击方所使用的工具与方法，推测攻击意图和动机以及时监测系统所面对的安全威胁。攻击诱捕设施的网络拓扑和业务特征应与实际业务系统高度相似，应通过划定独立的安全域等与实际系统进行严格的网络隔离，并应避免攻击者的行为对实际业务产生影响。

(6)数据安全监测设施通过在终端、关键网络节点和安全域边界等处进行数据采集分析以实时监测重要数据的泄露和传送情况，应及时告警并记录重要数据传播路径，为数据泄露的安全审计和取证提供依据。

(7)安全态势感知设施通过广泛采集并分析分布在网络中的网络安全设施、网络及主机设备的日志和告警数据、关键端口的流量信息、外部威胁情报信息，以实现对网络安全的持续监测能力并及时发现各种攻击威胁与异常。安全态势感知设施应通过建立威胁可视化及分析能力对威胁的影响范围、攻击路径、目的、手段进行快速研判以实现有效的安全决策和响应。

安全监测设施的设计，应依据所保障的互联网业务的特点和组成，结合具体的业务场景从接入安全、边界安全、主机安全、数据安全等多个维度，综合采取上述多样化全方位的监测手段，来准确及时地发现安全威胁和安全事件。

4.3.2 安全监测设施可从网络流量、主机系统、应用系统、数据交互等方面进行部署以开展网络安全风险的分析和监测。网络流量的安全监测宜采用入侵检测设施等，主机系统的安全监测宜采用漏洞扫描检测设施、病毒扫描检测设施等，应用系统的安全监测宜采用网站安全监测设施、攻击诱捕设施等，数据交互的安全监测宜采用数据安全监测设施等，多方数据的采集分析和关联预警宜采用安全态势感知设施等。

【条文说明扩展】

安全监测设施的监测对象包括网络流量、主机系统、应用系统、数据交互等，可按需采用相应的安全监测设施并部署在相应的业务系统部位开展网络安全风险的监测和分析工作。

网络流量的安全监测宜采用入侵检测设施等，可从已有攻击行为特征库发现网络流量中潜在的安全威胁，还能通过建模分析等发现各种异常通信行为，如异常域名解析、异常主机登录、异常数据流量等，从而能够发现一些未知安全威胁。

主机系统的安全监测宜采用漏洞扫描检测设施、病毒扫描检测设施等，可对主机系统开展定期安全检测，及时发现主机存在的安全漏洞、可疑端口和恶意代码等。也可利用主机安全监测设施及时分析主机的对外数据通信情况，第一时间发现潜在的安全威胁。

应用系统的安全监测宜采用网站安全监测设施、攻击诱捕设施等，可对应用系统提供持续的安全漏洞和安全事件监测，一方面及时发现应用层存在的安全漏洞和被攻击的情况，另一方面及时捕获攻击者的攻击行为，分析其攻击意图和攻击手法。

数据交互的安全监测设施宜采用数据安全监测设施等，通过云、网、边、端全方位的数据探针及时监测敏感及重要数据的流转情况，对异常的数据流转和泄露事件及时告警并记录留痕。

多方数据的采集分析和关联预警宜采用安全态势感知设施。态势感知设施可作为互联网业务系统所有安全数据的汇总枢纽，通过对内外部多方安全数据的关联分析和综合展示，实现全系统网络安全事件事前预警、事中告警、事后追踪溯源、智能决策的安全管理目标。

4.3.3 安全监测设施设计应符合下列规定：

1 安全监测系统设计应根据互联网业务面临的网络安全威胁和已有防护体系确定，在满足安全规划需求的前提下，开展多方位的安全监测，达到及时发现并管控安全风险的要求；

2 安全监测设施应根据互联网业务发展需求构建，宜在保持安全监测设施整体架构不变的前提下对监测设施功能和性能进行按需扩容；

3 安全监测设施宜将监测结果及时反馈给网络安全防护设施和安全响应设施，形成一体化的安全防护和监测处置能力；

4 网络安全监测设施的监测性能应与所监测的互联网业务规模相匹配，监测设施配置不应低于预估业务忙时和攻击峰值时的安全监测需求。

【条文说明扩展】

安全监测设施的设计应符合下列规定：

(1)安全监测设施的设计目标是及时准确地发现安全风险和安全事件，在监测设施的设计中需要仔细分析互联网业务系统所面临的特定网络安全威胁和已有的安全防护体系来确定安全监测设施所要监测的主要目标和数据来源。根据分析的结果，有针对性地利用已有资源面向特定安全威胁定制组合多种监测设施开展多方位的安全监测，从而为及时发现并管控安全风险提供重要技术支撑。

(2)安全监测设施的建设规模和指标设计要根据所保护的互联网业务的发展需求来确定，考虑到工程建设的时间周期，一般应至少满足到一年后的业务发展所对应的安全监测需求；且从保护安全设施建设投资和保持互联网业务连续性的角度出发，网络安全监测设施在体系架构上宜保持较好的可扩展性，可以在保持安全监测设施整体架构不变的前提下对监测设施的功能和性能进行按需扩容，避免因业务发展等原因短期内推倒重来、对系统做大规模的调整和重新部署。

(3)安全监测设施宜与安全防护设施及安全响应设施联动，将监测结果及时反馈给安全防护设施和安全响应设施，从而第一时间对安全攻击行为进行阻断和处置，将网络安全事件的损失和影响降至最低，形成高效的一体化网络安全保障体系。

(4)安全监测设施的性能需求与所监测保护的互联网业务规模密切相关，互联网业务的业务访问量、网络带宽、数据规模等都会对网络安全监测设施的性能提出相应的要求。此外，网络攻击的频度、攻击端数量、攻击流量规模等也对防护设施的性能是个重要的考验。所以在开展安全监测设施的性能配置设计时需要做两方面的测算：一方面需要通过适当的业务预测和数学建模，对互联网业务忙时可能产生的数据吞吐量和网络带宽做测算；另一方面需要根据业务系统可能面临的网络攻击进行适当预测和建模，对可能的攻击峰值时的攻击数量和攻击流量进行测算，可能的攻击规模跟互联网业务特征和规模有一定的关联。网络安全监测设施的性能设计一般需要同时满足业务忙时叠加攻击峰值时的安全监测需求，确保即便是在业务忙时遭受大规模网络攻击，安全监测系统也能够健壮稳定运行。

4.4 安全响应设施

4.4.1 安全响应设施宜包括应急预案管理设施、攻防演练设施、应急响应设施、安全指挥调度设施、安全审计设施、流量清洗设施等。网络安全设施工程设计中应根据所保障互联网业务的特点，编制相应的网络安全事件响应技术支撑方案，采取多种安全响应技术手段，支持对网络攻击行为的分析、溯源、阻断和取证等。

【条文说明扩展】

《中华人民共和国网络安全法》对网络安全应急响应有明确的要求：网络运营者应当制订网络安全事件应急预案，及时处置系统漏洞、计算机病毒、网络攻击、网络入侵等安全风险；在发生危害网络安全的事件时，立即启动应急预案，采取相应的补救措施；关键信息基础设施的运营者还应当履行安全保护义务，包括制订网络安全事件应急预案，并定期进行演练等。上述条款已经明确了网络安全响应的基本工作内容，主要包括建立应急预案，定期开展应急演练，发生网络安全事件时及时启动应急预案并进行应急处置等。互联网网络安全响应工作的开展需要依赖相应的安全响应设施作为技术支撑手段，各类安全响应设施的主要功能和设计要点如下：

(1)应急预案管理设施可对网络安全应急预案进行编制、审核、审批、发布、存档全过程管理并对其日常演练情况进行及时记录和存档，可作为网络安全运维管理系统的一个重要组成部分进行建设。

(2)攻防演练设施可通过提供模拟的互联网业务系统环境和安全技术手段供安全运维人员进行日常的网络安全攻防演练使用，以提升安全运维人员的安全响应技能和响应速度，攻防演练设施所提供的演练环境应与互联网业务系统高度相似且应与现网系统做好安全隔离。

(3)应急响应设施可通过组合调用多种安全技术手段支撑网络安全应急响应人员对网络安全攻击事件进行分析、响应和处置。应急响应设施应具备与安全防护设施和安全监测设施的联动处置能力,能够方便快捷地从安全监测设施获取安全威胁和安全事件信息,同时能够按照特定的应急响应策略编排调度防护设施对攻击行为开展拦截阻断等操作。

(4)安全指挥调度设施支持在安全事件发生时,能够通过派单、邮件、电话、短信、会议等多种方式将安全应急协同处理的相关任务及时送达到具体的责任单位和责任人,并能对任务处理完成情况进行实时跟踪和闭环管理,以提高安全应急响应跨部门、跨地域协同工作效率,并支持事后对安全应急响应工作进行复盘和总结。

(5)安全审计设施可从网络、主机、应用、数据、用户等多个层面进行部署以完整地记录和溯源异常行为,为安全应急响应等工作提供技术支撑。所采用的主机、网络、数据、应用审计一体化产品应符合现行国家标准《信息安全技术　信息系统安全审计产品技术要求和测试评价方法》GB/T 20945 的有关规定。安全审计设施所记录的日志信息应留存 6 个月以上。

(6)流量清洗设施可按照安全响应人员的指令,对特定的网络流量进行丢弃以保障互联网业务的正常运行和访问。流量清洗设施宜在互联网出口路由器处采用旁路方式部署,并通过集群方式进行性能扩展。

在安全响应设施设计中,应根据所保障互联网业务的特点,编制相应的网络安全响应设施建设方案,统筹考虑,采取多种安全响应技术手段,实现对网络攻击行为分析、溯源、阻断和取证等的全过程支撑。

4.4.2　安全响应设施应面向网络安全事件应急响应实际需求,为应急响应人员快速定位网络攻击行为并高效开展处置工作提供技术支持。

【条文说明扩展】

在发生网络安全事件时，传统的网络安全应急响应工作通常是应急响应人员根据工作经验、利用脚本分析小工具对安全事件进行分析、溯源、取证，该种方式主要依赖于应急响应人员工作经验、分析脚本编写能力，但在移动互联网、物联网、大数据、云计算时代，从海量的数据中找到攻击流量并对攻击行为数据进行脚本分析将显得非常困难或技术不可行。因此需要通过安全响应设施的建设为应急响应人员配置必要的和先进的技术手段，支撑应急响应人员快速定位网络攻击行为并高效开展处置工作，通过缩短安全处置响应的时间来提升网络安全保障工作的效率，最大限度降低网络安全事件损失、尽快恢复业务运营，在与网络攻击者的斗争中赢得先机。安全响应设施应面向网络安全应急响应的相关场景和实际需求，按需进行具体的设施设计和配置。

4.4.3 安全响应设施设计应符合下列规定：

1 安全响应设施应根据互联网业务所面临的网络安全威胁和已有的安全防护及监测体系进行设计，应满足安全工程规划的需求，并应满足安全事件处置和攻击溯源取证的要求；

2 安全响应设施应根据互联网业务发展特征和应急响应的需要构建，宜在保持安全响应设施整体架构不变的前提下对响应设施的功能和性能进行按需扩容；

3 安全响应设施宜与安全防护设施对接，可调度安全防护设施开展安全事件处置工作。

【条文说明扩展】

网络安全响应设施的设计应符合下列规定：

(1)网络安全响应设施作为网络安全保障体系中的重要一环，需要与安全防护设施、安全监测设施密切协作，安全响应设施设计应基于互联网业务所面临的网络安全威胁和已有的安全防护、安全监测体系进行设计，形成防护、监测、响应一体化的网络安全保障体系。网络安全响应设施设计应既能满足安全工程规划中安全体系顶层规划的建设需求，又能满足安全事件处置和攻击溯源取证的要求。

（2）安全响应设施应采用统一、健壮、稳定的体系架构，能够针对互联网业务发展特征并满足日常安全事件应急响应的需要，可根据业务发展情况和应急响应工作的变化，在保持安全响应设施整体架构不变的前提下对响应设施的功能和性能进行按需扩容。

（3）安全响应设施宜与安全防护设施对接联动，安全响应设施可方便快捷地通过自动＋人工的方式充分利用安全防护体系的相关技术手段来对网络攻击进行快速阻断。

4.5 安全恢复设施

4.5.1 安全恢复设施宜包括数据备份系统、备用数据处理系统、备用网络系统和备用基础设施等。网络安全工程设计中应根据所保障互联网业务的灾难恢复能力等级要求确定具体的恢复时间目标（RTO）和恢复点目标（RPO）指标，并应按现行国家标准《信息安全技术　信息系统灾难恢复规范》GB/T 20998 的有关规定编制相应的应急灾备策略和应急灾备技术方案。

【条文说明扩展】

安全恢复设施主要用于在互联网业务系统因自然灾害或网络攻击等原因造成数据损坏和丢失时快速恢复数据和业务，及时降低和消除因安全事件所引发的业务宕机等负面影响。各类安全恢复设施的主要功能和设计要点如下：

（1）数据备份系统应由数据备份的硬件、软件和数据备份介质，以及数据备份线路和相应的通信设备组成，所采用的数据备份与恢复产品应符合现行国家标准《信息安全技术　数据备份与恢复产品技术要求与测试评价方法》GB/T 29765 的有关规定。数据备份的范围、时间间隔，所使用的备份技术和介质、数据备份的线路速率及相关通信设备的规格和要求，应根据互联网业务系统的灾难恢复目标来确定。

(2)备用数据处理系统应由备用的服务器、存储设备、外围设备及软件组成。备用数据处理系统的数据处理能力、与主系统的兼容性、平时处于就绪还是运行状态等要求，应根据互联网关键业务功能的灾难恢复对备用数据处理系统的相关要求来确定。

(3)备用网络系统作为最终用户用于访问备用数据处理系统的网络应包含备用网络通信设备和备用数据通信线路。备用数据通信的技术和线路带宽、网络通信设备的功能和容量，应根据互联网关键业务功能的灾难恢复对网络容量及切换时间的要求来确定。

(4)备用基础设施作为灾难恢复所需的、支持灾难备份系统运行的建筑、设备和组织，应包括介质的场外存放场所、备用的机房及灾难恢复工作辅助设施，以及容许灾难恢复人员连续停留的生活设施。备用基础设施与主中心的距离要求、场地和环境要求、运行维护和管理要求等，应根据互联网业务系统的灾难恢复目标来确定。

依据现行国家标准《信息安全技术　信息系统灾难恢复规范》GB/T 20998，互联网业务的灾难恢复能力从低到高可划分为 6 个级别，具体参见表 5。

表 5　灾难恢复能力等级划分

级别	名称	技术要求
第 1 级	基本级	备份介质场外存放，安全保管、定期验证。对备用网络没有要求
第 2 级	备份场地支持	网络和业务处理系统可在预定时间内调配到备份中心。配备部分通信线路和相应的网络设备，或在灾难发生后能在预定的时间内调配所需的通信线路和网络设备到备用场地

续表5

级别	名称	技术要求
第3级	电子传输和部分设备支持	灾备中心配备部分业务处理和网络设备，具备部分通信链路
第4级	电子传输和完整设备支持	数据定时批量传送，网络/系统始终就绪。配备灾难恢复所需的通信链路；配备灾难恢复所需的网络设备，并处于就绪状态
第5级	实时数据传输及完整设备支持	采用远程复制技术，实现数据实时复制，网络具备自动或集中切换能力，业务处理系统就绪或运行中。配备灾难恢复所需的通信链路；配备灾难恢复所需的网络设备，并处于就绪状态；具备通信网络自动或集中切换能力
第6级	数据零丢失和远程集群支持	数据实时备份，零丢失，系统/应用远程集群，可自动切换，用户同时接入主备中心。配备与主系统相同等级的通信线路和网络设备；备用网络处于运行状态；最终用户可通过网络接入主中心和备用中心

网络安全工程设计中应根据所保障互联网业务的灾难恢复能力等级要求确定具体的恢复时间目标(RTO)和恢复点目标(RPO)指标：

1)RTO(Recovery Time Object)

该指标是容灾恢复的时间指标，从广义上来说是从灾难发生造成业务中断，直到通过各种方法恢复业务所需要的时间。通常越短的RTO意味着越高的容灾能力。另一个狭义的RTO指标是指从决定进行容灾切换到业务可以继续运行所经过的时间。一般用狭义的RTO指标评价互联网业务系统IT层面的容灾能力。

2)RPO(Recovery Point Object)

宕机导致的停机不是故障影响的全部，宕机带来的另一种影响对互联网业务的损害可能更大，那就是永久性数据丢失，即宕机以前的数据没有保存到在线数据库或文件中。

宕机之后数据开始恢复的时间点称为恢复点，恢复点指标RPO，就是当业务恢复后，可以达到与灾难发生前那个时间点相同的工作状态。通常RPO对应着灾难造成的数据丢失程度，如果RPO为0，就相当于没有丢失任何数据。但这种理想状态往往是无法达到的，这就涉及业务回滚。业务恢复与回滚的不同之处在于业务恢复不考虑数据丢失，特别是对于没有前后连贯性的一类业务，新的业务处理不需要以前的业务结果，当灾难恢复完成后，可以直接进行新的业务；而业务回滚是与数据丢失相关的，丢失的数据必须通过各种方法进行修复，可能需要手工完成，新业务开始运转后会持续很长的时间，这段时间就是业务回滚时间，也可以叫作修复灾难造成的损失时间。

确定好互联网业务系统的灾难恢复等级要求及RTO和RPO指标之后，应根据现行国家标准《信息安全技术　信息系统灾难恢复规范》GB/T 20998的有关规定，合理设计组织相关的安全恢复设施资源，编制相应的应急灾备策略和应急灾备技术方案。

4.5.2 安全恢复设施设计应满足地震、水灾等自然灾难以及火灾、战争、恐怖袭击、网络攻击、设备系统故障、人为破坏等突发紧急情况下的互联网业务系统和数据恢复需求。

【条文说明扩展】

安全恢复设施的设计目标是满足突发紧急情况下的互联网业务系统和数据的恢复需求。这些紧急情况既包括地震、水灾、海啸等自然灾害，也包括火灾、战争、恐怖袭击、网络攻击、系统故障、人为破坏等社会灾害。

互联网业务系统和数据恢复是指将信息系统从灾难造成的故障或瘫痪状态恢复到可正常运行状态，并将其支持的业务功能从灾难造成的不正常状态恢复到可接受状态而开展的活动和流程，系统和数据的恢复必须依托安全恢复设施所提供的备用数据和运行环境来进行。每种灾害对系统和数据的损害程度不一，为了确保系统能够快速恢复到正常运行状态，需要对灾难恢复所必需的数据备份系统、备用数据处理系统、备用网络系统、备用基础设施等按照相关灾难恢复能力指标要求进行详细设计。

一般情况下，对生产系统运行进行数据处理和支持关键业务功能运作的场所被称为生产中心。在灾难发生时接替生产系统运行进行数据处理和支持关键业务功能运作的场所被称为灾难备份中心(简称“灾备中心”)。生产中心是信息系统灾难恢复的对象，而灾备中心是信息系统灾难恢复的基础。灾备中心和生产中心都属于数据中心，都是对数据设备集中存放和管理的场所，在基础设施的要求上很多相同之处，有时两者能够同时设置在同一建筑体中，但服务对象和业务内容不尽相同，特别是在选址等方面有特定的要求。

数据中心在选址时通常需要远离加油站等易燃易爆场所，远离粉尘、强振动源和强电磁辐射源，选择交通通信方便、配套设施齐全、自然环境和地质条件良好的地方，从而有利于保证设备的安全运行，减少周围环境对其设备的危害，这是生产中心和灾备中心在选址时的共同点。在选择或建设灾备中心时，应根据风险分析的结果，避免灾备中心与生产中心同时遭受同类风险。灾备中心还应具有方便灾难恢复人员或设备到达的交通条件，以及数据备份和灾难恢复所需的通信和电力等资源。

灾备中心的选址应遵循以下主要原则：

(1)策略性。

应先明确灾备中心的定位，即灾备中心的建设目的是防范什么样的灾难事件，在灾难发生时又能够提供何种服务。根据定位的不同，在选址时应采取不同的策略，例如，灾备中心若想在局部战争条件下提供服务，在选址时就不能靠近军事目标或准军事目标等。此外，应充分考虑物理安全性，避免建于闹市区，通常适宜建在郊区。

(2) 风险性。

在选择或建设灾备中心时，应当充分考虑备选场址包含的风险是否在可容忍的范围之内，是否符合灾难恢复规划或业务连续计划的具体要求。例如，生产中心与灾备中心之间应当保持一个安全距离，必须避免因同一灾难导致两个中心同时处于灾难事件当中的可能性。又如，应选择独立的数据中心建筑物，有效隔离灾备中心与周边的建筑。确保周边建筑发生火灾或其他紧急情况时，不会影响到灾备中心的安全。此外，灾备中心应当确保与生产中心不在同一灾难风险区域，以规避灾难风险。

(3)科学性。

选择或建设灾备中心时，应对备选场址进行相关的场地风险评估，科学和全面地评价备选场址。

(4)适合性。

对于选定的场址而言，首先应符合现行国家标准《计算机场地通用规范》GB/T 2887 的要求；其次还要关注场址周边环境、地质地理条件、市政配套条件、电力供应条件以及通信服务商所能提供的服务能力等诸多因素，全面判断是否符合灾备中心的建设要求。

(5)便捷性。

对于灾备中心，其周边应有多条道路用于保证相关人员和物资能够顺利和快速到达。例如，要求有 2 条或 2 条以上从机场到达灾备中心的道路，时间限制在1h 内。确保主数据中心发生灾难时，相关业务专家和 IT 工程师能够迅速赶到灾备中心现场，实施恢复业务。

4.5.3 安全恢复设施设计应符合下列规定：

1 安全恢复设施应根据互联网业务所需达到的灾难恢复等级进行设计，并应在满足安全工程规划需求的前提下，按照成本风险平衡原则，实现快捷可靠的应急灾备，满足快速恢复数据和业务的要求；

2 安全恢复设施应根据互联网业务发展特征构建，宜在保持恢复设施整体架构不变的前提下对安全恢复设施的功能和性能进行按需扩容；

3 安全恢复设施自身的安全防护和安全监测手段应同步设计。

【条文说明扩展】

安全恢复设施的设计应符合下列规定：

(1)安全恢复设施的具体设计方案和配置要求需要根据互联网业务所需达到的灾难恢复等级来确定。一般来说，灾难恢复等级越高，安全恢复设施的配置要求越高，投资规模也越大。互联网业务系统应用级灾备在安全恢复设施方面的建设投入往往是数据级灾备的数倍。所以，安全恢复设施的设计要遵循成本风险平衡原则，在满足安全工程规划相关需求的前提下，从互联网业务安全风险管控的角度以最经济高效的投入实现快捷可靠的应急灾备，满足快速恢复数据和业务的要求。

(2)安全恢复设施应根据互联网业务特征和发展特点来构建，需要建设满足互联网业务系统在紧急情况下对外服务需求的备用数据存储和业务运行环境。随着互联网业务的发展和数据的增长，安全恢复设施需要同步进行升级和扩容，在安全恢复设施设计时应做好体系架构设计并为后期的升级扩容留有余量，宜在保持恢复设施整体架构不变的前提下进行按需扩容。

(3)安全恢复设施日常同步保存互联网业务系统的重要数据，且需要在紧急状态下接替主业务系统的对外服务工作，其网络安全保护工作与生产系统同等重要。否则不但不能发挥应急灾备、保障业务连续性的作用，反而会成为整个系统最薄弱的环节，造成敏感数据泄露等严重后果。所以，安全恢复设施自身的安全防护和安全监测手段设计需要与安全恢复设施的设计同步进行，并纳入整个业务系统的安全防护和监测体系之中。

5 网络安全设施工程施工

5.1 一般规定

5.1.1 网络安全设施工程施工应严格依据网络安全设施工程设计的相关方案和要求,并应在此基础上制定详细的施工方案。

【条文说明扩展】

网络安全设施工程施工应严格依据网络安全设施工程设计已制定的防护体系技术方案、监测体系技术方案、响应体系技术方案、恢复体系技术方案等开展实施工作,满足网络安全设施工程设计所明确的互联网业务安全保障相关功能、性能、质量和工程投资等建设项目要求,以及网络安全等级保护等相关现行国家、行业标准要求。并应在此基础上制定详细的施工方案,包括但不限于施工组织方案、网络安全设备安装方案、网络安全设备配置方案、施工管理方案等。

5.1.2 网络安全设施宜与互联网业务系统同局址设置,网络安全设施所在机房等级不应低于互联网业务系统所在机房等级。

【条文说明扩展】

网络安全设施需满足对互联网业务系统防护、监测、响应、恢复等方面的时效性和可靠性等要求,宜与互联网业务系统同局址设置,以便于维护和管理。网络安全设施所在机房应符合现行国家标准《信息安全技术 网络安全等级保护安全设计技术要求》GB/T 25070 中对于机房物理环境要求的有关规定,以及现行国家标准《数据中心设计规范》GB 50174 中机房等级要求的有关规定,且不低于互联网业务系统所在机房等级。

5.1.3 网络安全设施工程中所涉及机架安装、走线架及槽道安装、线缆布放应符合工程设计要求及现行国家标准《互联网数据中心工程技术规范》GB 51195 的有关规定。

【条文说明扩展】

网络安全设施工程中所涉及机架安装、走线架及槽道安装、线缆布放应严格按照工程设计图纸要求进行施工，确保安装正确。现行国家标准《互联网数据中心工程技术规范》GB 51195—2016 的第 4.3 节机架安装、第 4.4 节 IT 设备安装中对机架安装、配线架安装、机架标签、走线架及槽道安装、线缆布放均有详细要求，工程实施中应符合相关规定。

5.2 施工前准备

5.2.1 在工程实施前应制定施工组织方案，方案应包含人员配备、施工进度计划、技术措施、质量保证措施、安全保证措施及测试方案等内容，并应对其中的关键内容组织专项评审。

【条文说明扩展】

在工程正式实施前，施工单位应制订详细的施工组织方案，包括人员配备、施工进度计划、技术措施、质量保证措施、安全保证措施及测试方案等内容，并对各部分的关键内容组织专项评审，各部分具体要求如下：

(1)人员配备方面。施工组织方案应根据工程建设规模和技术要求配备相应人员，包括但不限于项目经理(具备网络安全工程管理经验)、网络安全工程师(具备网络安全专业认证资质)、网络安全工程实施人员(具备网络安全工程实施经验)，工程质量管理员、工程安全管理员、工程档案管理人员等，并提供工程所配备人员的身份证明、学历证明、业绩证明、资格证书证明等相关材料。

(2)施工进度计划方面。施工组织方案应根据工程总体进度安排和网络安全工程施工步骤合理制定施工进度计划，展示施工活动之间的相互关联，以及计划日期、持续时间、里程碑和所需资源，至少包括每个施工活动的计划开始时间与计划结束时间。其中，里程碑包括但不限于项目组成立、项目启动会、现场勘察调研、编写实施方案、设备到货及签收、设备安装调试、网络安全配置及联调测试、项目初验、系统试运行、项目终验。施工进度计划的表现形式可以是横道图(甘特图)、里程碑图或项目进度网络图等。

(3)技术措施方面。施工组织方案应包含对初步设计方案的深化设计,工艺配套技术措施,网络安全设备安装技术措施,网络安全设备配置技术措施和网络安全工程调测技术措施。初步设计方案深化设计应对安全防护措施、安全监测设施、安全审计设施、应急灾备设施的网络部署、连接方式、性能指标、IP 地址规划、端口类型进行深化设计;工艺配套技术措施应对机架安装、走线架及槽道安装、线缆布放等进行技术说明;网络安全设备安装技术措施应对安装环境、物理区域、安装位置、设备加电、设备接地、设备标签、设备加固、可维护性进行技术说明;网络安全设备配置技术措施应对账号安全配置、口令安全配置、授权安全配置、日志安全配置、协议安全配置、安全策略配置等进行技术说明;网络安全工程调测技术措施应对网络安全设备及其网络环境的调试技术措施进行说明,提供调测报告格式和主要内容,包括但不限于网络安全设备安装调测、网络安全软件调测、网络线路连通调测、网络安全设备间连通调测和整体网络安全工程调测等。

(4)质量保证措施方面。施工组织方案应依据 ISO 9000 质量管理体系要求,成立专门的质量保证组,并对项目全过程进行监控,以保证工程质量。质量保证措施包括但不限于质量计划、质量审查、质量保证和质量控制。

1)质量计划:质量保证组定期对工程实施情况进行质量监督,必要时可以增加随机抽查或改变审查时间,主要内容包括工程质量审查与评定、工程质量测试、施工过程的控制和资料完整性,过程改进计划等。

2)质量审查:质量审查以质量计划内容为基础,审查项目中已用到和要用到的网络安全技术及其工具技术。同时,审查项目中各模块是否达到设计要求。

3)质量保证：严格按照有关网络安全工程施工的标准、规范进行施工。由质量保证组按工程质量测量指标定期检查工程质量，工程质量测量指标包括但不限于网络安全配置容错性、网络安全防护措施完备性、网络安全设备可靠性和可用性等。

4)质量控制：日常管理方式，通过项目会议和日常沟通等手段，时刻监控项目实施过程中质量情况；巡检方式，项目阶段性或部分实施完成，质量保证组将进行质量巡检，项目整体完成后，质量保证组对工程整体实施情况进行全面质量检测；测试方式，项目完成后质量保证组配合建设单位，对网络安全工程进行系统测试，测试系统的可用性、稳定性和可靠性。

(5)安全保证措施方面。建立健全安全责任体系和组织管理网络，设置安全管理领导小组，配备安全管理人员；加强对安全生产法律法规和安全知识的宣传教育，提高工程人员安全意识；定期召开安全施工工作会议，研究防范措施，及时解决安全施工问题，并形成会议纪要进行宣贯；定期组织安全生产检查，及时发现和预警安全生产问题，提出安全整改方案。

(6)测试方案方面。应包括测试前准备、测试实施、测试内容、编写测试报告和测试问题处理等。测试前准备，应根据测试计划检查所有网络安全设备及系统平台配置是否完整，做好测试准备；测试实施，确定测试时间、测试准则、测试软硬件环境及测试相关方责任；测试内容，包括但不限于环境测试、网络连通性测试、可靠性测试、可维护性测试、稳定性测试、性能测试、兼容性测试、安全性测试和业务仿真测试等；编写测试报告，根据测试结果按照测试报告格式和内容要求编写测试报告；测试问题处理，针对测试过程中发现的问题要及时解决处理，提出相应的处理方案。

5.2.2 施工单位应根据施工组织方案建立施工组织机构，明确分工权责、签署保密协议，并应进行技术交底及必要的技术培训等工作。

【条文说明扩展】

施工单位应根据前述施工组织方案建立施工组织机构，施工组织机构应明确网络安全工程中各人员的权限、职责、责任、报告和沟通方式，主要包括项目领导小组、项目经理、专业工程师组，工程实施组、维护组、文档管理组、安全和质量管理组等。重要岗位人员应签署相应的责任书和保密协议。

由项目经理组织相关专业工程师对工程实施人员进行工程设计方案交底和实施方案交底，严格按照工程实施技术规范和网络安全厂商提供的《设备安装手册》和《设备产品操作手册》进行工程实施。

网络安全工程技术培训主要包括网络安全设备安装技术培训、工艺配套实施技术培训、网络安全设备配置技术培训、网络安全设备调测技术培训、网络安全设备维护技术培训等内容。

5.2.3 施工单位进场施工前应对施工现场进行检查，施工条件应符合下列规定：

1 机房的电源、空调、消防、安防等基础设施应符合相应验收要求；

2 机房内温湿度、照明、通风、净高等环境条件应符合施工安全作业要求，设备安装场所宜整洁、无尘；

3 施工现场管理所需的办公场地、设备设施存储保管场所、相关工程管理工具部署等均应符合施工管理要求；

4 机房内不应存放易燃、易爆等危险物品。

【条文说明扩展】

施工单位进场正式施工前需要对施工现场进行检查，查验现场是否满足施工条件要求，主要包括：

(1)机房的电源、空调、消防、安防等基础设施应符合相应数据中心机房竣工验收要求。

(2)机房内温湿度、照明、通风、净高等环境条件应符合施工安全作业要求，设备安装场所宜整洁、无尘；机房内应有有效的防静电措施;机房内应具有良好的接地系统,接地电阻应小于1.5Ω,确保设备稳定可靠运行。

(3)施工现场管理所需的办公场地、设备设施存储保管场所、相关工程管理工具部署等均应符合施工管理要求。

(4)机房内不应存放有任何易燃、易爆等危险物品。

如发现机房施工条件不满足,应及时向建设单位或者监理单位提出,具备相关条件后方可进场施工。

5.2.4 施工单位施工开始前应对设备、材料进行检验,并应符合下列规定:

1 设备、材料检查时,建设单位或监理单位、施工单位和供货厂家应同时在场,并应做好记录;

2 开箱清点时不得损坏设备、器材。设备名称、型号、规格、数量等应符合设计和工程合同要求,外观应完好无损,技术资料及配件应齐全,并应有出厂合格证;

3 有源设备应逐个通电检测。检测内容应包括安全性、可靠性及电磁兼容性等项目;

4 软件产品应对其使用许可证及使用范围进行检查,应符合设计和工程合同要求,软件文档资料应齐全;

5 产品功能、性能的检测应符合国家产品标准要求;有特殊要求的产品,可按合同规定或设计要求进行;

6 设备与材料的功能、性能、技术指标应符合设计要求和产品说明书;

7 设备、材料检查完毕,应分类存放,并应堆放整齐。

【条文说明扩展】

施工单位在施工开始前应对施工相关的设备和材料进行查验,确保施工所用的设备和材料齐全并符合相关国家标准、合同规定和工程设计要求。发现问题应及时向建设单位或者监理单位提出,以免后期影响工程进度和工程质量。

5.2.5 进场施工前施工人员应熟悉施工图纸及工程特点、施工方案、工艺要求、施工质量标准及验收标准等有关资料。

【条文说明扩展】

进场施工前，项目经理应组织施工人员进行技术交底和施工方案交底，包括但不限于熟悉施工图纸及工程特点、施工方案、工艺要求、施工质量标准及验收标准。

熟悉施工图纸及工程特点：施工人员应熟悉施工图纸主要内容和工程特点，包括设计说明、分工界面、机房平面部署、线缆路由、安全设备安装机架、安全设备种类和数量、安全设备连接网络拓扑、安全设备端口连接、安全设备物理参数和主要配置、安全设备IP地址分配等。

熟悉施工方案：施工人员应熟悉网络安全工程主要施工方案，包括工艺配套施工方案、网络安全设备安装施工方案、网络安全设备配置施工方案、网络安全设备调测施工方案、工程整体调测施工方案等。

熟悉工艺要求：施工人员应熟悉网络安全工程工艺要求，包括线缆、配线及设备端口标签要求，铭牌及各类标志要求，线缆端接要求，线槽与线管要求，线缆敷设要求，设备接地要求等。

熟悉施工质量要求：网络安全工程施工质量应符合现行国家及行业相关标准规范要求，如《通信设备安装工程施工监理规范》YD 5125，《综合布线系统工程验收规范》GB 50312等，包括机架安装质量要求、走线架及槽道安装质量要求、线缆布放质量要求、接地质量要求、网络安全设备安装质量要求、网络安全设备配置质量要求。

熟悉施工验收标准：网络安全工程施工验收标准应符合现行国家及行业相关标准规范要求，如《网络工程验收标准》GB/T 51365—2019等，包括机架安装验收、走线架及槽道安装验收、线缆布放验收、接地验收、网络安全设备安装验收、网络安全设备配置验收、设备加电测试验收、整体网络测试验收等。

5.2.6 进场施工前施工单位应对施工人员进行安全和文明施工

教育。

【条文说明扩展】

施工单位应建立健全安全责任体系和组织管理网络，设置安全管理领导小组，配备安全管理人员，并在进场前从施工规范、禁止操作、文明施工和应急预案等方面对施工人员进行安全和文明施工教育。主要包括以下要点：

(1)施工人员在安装、操作和维护设备时，严格遵循设备上标识和安装手册中注明的所有安全注意事项，尤其是安装手册中“注意”“警告”和“危险”事项；

(2)施工人员安装设备时，必须先接地，拆除设备时，最后拆地线。禁止破坏接地导体，禁止在未安装接地导体时操作设备。操作设备前，应检查设备的电气连接，确保设备已可靠接地；

(3)禁止在雷雨天气操作设备和电缆。雷雨天气时，应拔掉交流电源连接器，尽少使用电话和手机；

(4)禁止裸眼直视光纤端子，防止激光束灼伤眼睛；

(5)操作设备前应穿防静电服，或佩戴防静电手套和腕带，除去首饰、钥匙或手表等易导电物体，以免被电击或灼伤；

(6)电源线及地线线鼻柄和螺线需用套管或绝缘布包裹，线鼻、端子处无铜线裸露，平垫、弹垫安装正确；

(7)如发生火灾等自然灾害，应迅速撤离现场并按下火警警铃，拨打火警电话。任何情况下，严禁再次进入燃烧的建筑物；

(8)设备运行时，禁止堵塞通风口；

(9)施工现场要建立文明施工责任制，划分区域，明确管理负责人，实行挂牌制，做到现场清洁整齐；

(10)施工现场不准乱堆垃圾及余物。应在适当地点设置临时堆放点，并定期外运。清运垃圾及流体物品，要采取遮盖防漏措施，运送途中不得遗撒；

(11)施工现场应建立不扰民措施，针对施工特点设置防尘和防噪声设施。

5.3 网络安全设备安装

5.3.1 网络安全设备的安装应满足工程设计、产品说明书及安装工艺等要求。

【条文说明扩展】

网络安全设备安装前应先进行设备硬件检测，阅读产品说明书、技术配置要求、工程设计图纸及说明、安装工艺要求以及相关文档，并严格按照相关要求进行设备安装。

5.3.2 归属同一安全域的设备宜安装在同一物理区域。

【条文说明扩展】

为便于同一安全域的网络安全设备的集中管理和维护，此类设备应尽可能部署在相邻的几个机柜内。网络安全设备若采用双机方式配置，则两套设备应分别部署在相邻的两个机柜内。网络安全设备还应与所防护网络的核心网络设备就近部署，便于维护，且降低互通线缆布线长度。

5.3.3 网络安全设备的安装应平稳、牢固，便于操作维护和维修。

【条文说明扩展】

网络安全设备安装排列距离应符合施工图的设计要求，网络设备摆放平稳，压板、支架要求牢固，网络设备需固定在导轨或者支架上，机架内设备应安装整齐，设备之间的间距应一致。同型号、同深度、同高度的设备宜相邻排列。所有紧固件必须拧紧，同类型螺丝露出螺帽的长度应保持一致。

5.3.4 网络安全设备上的功能标签或产品编号应正确清晰，不得损伤或丢失。

【条文说明扩展】

为便于日常维护管理和监督工程实施情况，网络安全设备功能标签或者产品编号应按照标签规范规定制作。标签应能够全面涵盖所描述网络安全设备的各项具体信息，要求简洁、清晰和规范。标签应张贴于设备表面明显位置，一般可张贴在设备上部前端左侧。标签内容至少应包含设备名称、设备编号、设备型号、启用日期、所属部门、维护人及联系方式。

5.3.5 机柜内部的线缆应沿着机柜内部线槽进行布放并绑扎结实，线缆应避免交叉，电源线和信号线应分别从机柜两侧分开布放。

【条文说明扩展】

缆线的规格、敷设方式、布放间距均应符合设计要求。缆线的布放应自然平直，不得产生扭绞、打圈等现象，不应受外力的挤压和损伤。缆线的布放路由中不得出现缆线接头。缆线两端应贴有标签，应标明编号，标签书写应清晰、端正、准确。标签应选用不易损坏的材料。设备双绞线与电力线的最小间隔距离应符合表6要求：

表6 双绞线与电力线敷设要求表

机柜容量（kV·A）	双绞线与电缆的敷设关系	双绞线与配电母线槽的敷设关系	最小间距（mm）
≤5	双绞线与电力电缆平行敷设	—	300
	有一方在金属线槽或钢管中敷设，或使用屏蔽铜缆	双绞线与配电母线槽平行敷设	150
	双方各自在金属线槽或钢管中敷设，或使用屏蔽铜缆	双绞线在金属线槽或钢管中敷设，或使用屏蔽铜缆	80
＞5	双绞线与电力电缆平行敷设	—	600
	有一方在金属线槽或钢管中敷设，或使用屏蔽铜缆	双绞线与配电母线槽平行敷设	300
	双方各自在金属线槽或钢管中敷设，或使用屏蔽铜缆	双绞线在金属线槽或钢管中敷设，或使用屏蔽铜缆	150

5.3.6 网络安全设备应可靠接地，防静电措施应符合设备及工程设计要求。

【条文说明扩展】

机房内网络安全设备的金属外壳、各类金属管道、金属线槽、建筑物金属结构等必须进行等电位联结并接地，供电线路与接地线宜同路径敷设，共用接地体(联合接地)应不大于接地电阻1Ω。网络安全设备接地线的材料应选用铜线，且最小截面面积应大于或等于6mm^2。

5.3.7 网络安全设备在安装过程中应保护其物理安全，施工过程中应避免对其他设施造成影响。

【条文说明扩展】

网络安全设备安装时不使用蛮力、注意螺丝和卡口位置，做好防静电措施，严格按照相关设备用户手册施工。按照将要安装的网络安全设备硬件的尺寸，在机柜内划分出安装空间，网络安全设备与其他设备的间距至少大于或等于其自身设备高度，同时将机柜号、划分号的空间位置记录归档。形成网络安全设备安装分配指示图纸，以便把网络安全设备准确无误地安装到计划好的空间上。设备安装时应尽可能避免触碰、拨弄其他在线设备线缆。

5.3.8 未安装设备的机架内应安装挡风盲板，挡风盲板应能防止冷热风混流。

【条文说明扩展】

挡风盲板应符合RoHS标准以及UL认证，可进行免工具安装拆卸，并具备良好的密封性。盲板的安装高度应考虑导轨的厚度，从而确保盲板安装后，盲板间无缝隙。最上或最下盲板安装时，若与顶板和地板存在缝隙时，应采取必要的封堵措施。建议在机柜配置时每机柜应至少配置15块免工具安装盲板。

5.3.9 网络安全设施的改建和扩建工程应符合下列规定：

1 改建和扩建工程增加的网络安全设备宜和其功能相同的设备安装在同一区域；

2 应做好安全施工方案，对已有设施采取防护措施，改建和扩建工程的实施应避免对现有设施造成影响；

3 在已上电机架上进行设备安装或扩容，应核对各级供电系统的负荷，并应保证供电系统满足新增或扩容设备的加电要求；

4 在已运行设备上安装电路板件或功能模块，应按产品说明书、操作手册和设计要求进行施工，并应做好防护措施；

5 应做好应急回退预案，在发生意外事件时应尽快恢复已有业务。

【条文说明扩展】

网络安全设施的改建和扩建工程应符合下列规定：

(1)改建和扩建工程新增加的设备建议和其功能相同的设备安装在同一机架或相邻机架中，遵循新增设备和现有设备就近安装原则。

(2)改建和扩建工程实施过程中需特别注意对已有设施的安全防护，需要避免由于工程建设对现有设施的正常运行造成影响。安全施工方案中需要评估工程建设对现有设施造成的影响，并给出相应防护措施。

(3)在已上电机架上安装新增设备或对已上电设备进行扩容时会增加现有机架的供电负荷，需要核对机架的各级供电负荷，确保整套供电系统满足新增设备或扩容设备的加电需求。

(4)防护措施包含对已运行设备的防护和施工人员的安全防护，避免由于操作不当等原因造成对已运行设备的影响和施工人员的人身安全影响。

(5)对现有在线运行系统做好应急回退预案，新增和扩容设备后系统如不能正常工作，应及时回退到原有状态，尽快恢复已有业务正常运行。

【实施方案举例】

根据新增设备或扩容设备所需的功耗，结合现有各级供电系统的容量和负荷，评估已上电机架是否能满足新增功耗的需求。

举例：机柜的供电系统为“机柜—头柜—UPS—高低压配电柜”，需核对机柜的输入容量和负荷，头柜的输入容量和负荷，UPS系统容量和负荷，高低压配电柜的容量和负荷。

5.4 网络安全设备配置

5.4.1 网络安全设备安装完成后，应对设备进行配置，并应满足后续运行维护的要求。网络安全设备配置应包括但不限于设备账号配置、账号口令配置、设备授权配置、设备日志配置、设备协议配置及安全策略配置。

【条文说明扩展】

新安装的网络安全设备的账号和配置一般为出厂默认设置，网络安全设备的出厂默认账户口令一般认为是易猜解口令，默认的安全规则策略也不够精准完善，使得整个网络安全设施及所保障的信息系统存在较大的安全风险。在设备安装完成后应根据后续运行维护要求和相关的安全规范及时进行账号、口令、策略、协议等的配置。

5.4.2 设备账号配置应符合下列规定：

1 应按照用户分配账号，不同用户不得共用同一账号，用户账号和设备间通信账号不得共用；

2 与设备运行、维护等工作无关的账号应删除或锁定；

3 应根据系统要求及用户的业务需求建立多账户组，将用户账号分配到相应的账户组；

4 应限制具备管理员权限的用户远程登录，远程执行管理员权限操作应先以普通权限用户远程登录后再切换至管理员权限账号执行。

【条文说明扩展】

网络安全设备账号配置应符合下列规定：

（1）普通账号应遵守一人一账号的原则，普通账号必须对应相应责任人员，设备间通信账号应谨慎开通权限，并且责任人员应明确。禁止设备账号在普通主机上登录。

(2)应新建对应的超级管理员、配置管理员、审计管理员等重要账户,对应责任人员,并禁用相应的默认管理员账户及其他无关账户。

(3)应按照用户权限分配用户组,颗粒度可以细分到每个业务组,按照业务组织分配权限,用户组遵循最小化原则,将每个对应的用户分配到用户组,用户组集成用户的权限。

(4)在安全设备上对管理员账户进行限制,禁止直接通过SSH、Telnet、RDP等协议远程登录管理员账户,应首先使用普通权限账户登录之后再切换到管理员账户执行相关高权限操作。

5.4.3 账号口令配置应符合下列规定:

1 对于采用静态口令认证技术的设备,应配置安全的口令长度、复杂度、有效期和加密强度,不得使用默认口令或空口令;

2 采用静态口令认证技术的设备,应限制连续登录失败次数,连续多次登录失败后应锁定该用户使用的账号。

【条文说明扩展】

账号口令配置应符合下列规定:

(1)采用静态口令时应确保口令的强度,应至少由8位及以上大小写字母、数字及特殊符号等混合、随机组成,规避以姓名、电话号码以及出生日期等作为口令或者口令的组成部分;

(2)为预防口令的暴力破解,对于采用静态口令认证技术的设备,应设置连续登录失败次数的限制,对于连续登录失败的用户应暂时锁定其对应的账号。

5.4.4 设备授权配置应符合下列规定:

1 在设备权限配置能力内,应根据用户的业务需要,配置其所需的最小权限;

2 当在创建新文件或目录时应控制用户缺省访问权限,屏蔽掉新文件或目录不应有的访问允许权限。

【条文说明扩展】

设备授权配置应符合下列规定:

(1)设备授权配置应遵循满足用户所需最小权限原则，修改配置、新增用户权限不应授权给普通用户；审计、查阅日志权限不应授权给配置管理员和普通用户，应控制普通用户访问其他用户创建的文件和数据。

(2)配置用户创建目录和文件的默认权限，默认设置为仅创建者自己能够访问，然后按照业务需要对文件和目录的权限进行最小化权限修正。

5.4.5 设备日志配置应符合下列规定：

1 设备应配置对用户登录进行记录的功能，记录内容应包括用户登录使用的账号、登录是否成功、登录时间，以及远程登录时用户使用的IP地址；

2 设备应配置用户对设备操作进行记录的功能，记录的操作应包括但不限于账号创建、删除和权限修改，口令修改，读取和修改设备配置，读取和修改业务用户的个人隐私数据；每条记录应包含用户账号、操作时间、操作内容以及操作结果；

3 设备应配置系统日志记录功能，记录与系统相关的安全事件；

4 设备可配置远程日志功能，将所关注设备的日志内容通过远程日志功能传输到日志服务器；

5 设备应按账号分配日志文件读取、修改和删除权限。

【条文说明扩展】

设备日志配置应符合下列规定：

(1)应对用户登录操作进行记录，应记录登录账号、登录时间、登录时长，是否为远程登录，并记录用户IP地址。

(2)应对安全设备操作进行记录，记录每个用户(包括管理员账户)对安全设备的任何管理操作，并记录操作的时间和操作结果。

(3)应对设备系统日志进行记录，记录每件与系统相关的安全事件，如服务异常、程序异常、系统报错等，可作为安全事件溯源的重要依据。

(4)可配置远程日志收集功能,可将日志收集配置实时传输收集型或者定时传输收集型,收集完成后应对日志进行归档存储。

(5)原则上应按最小化权限分配日志文件权限,根据需要授权给普通用户读取,日志的修改删除权限应只授权给审计管理员。

5.4.6 设备协议配置应符合下列规定:

1 使用IP协议进行远程维护的设备应配置使用SSH等加密协议;

2 设备应设置SNMP访问安全限制,只允许特定主机通过SNMP访问。

【条文说明扩展】

设备协议配置应符合下列规定:

(1)使用IP协议进行远程设备维护时,为防止敏感信息泄露,应配置使用SSH等加密协议,禁止使用Telnet等明文协议;

(2)应严格限制SNMP访问源,降低信息泄密风险,另外应尽量使用SNMPv3协议对通信进行加密。

5.4.7 安全策略配置应符合下列规定:

1 安全策略配置应依据安全设计中的网络安全策略方案,并应符合安全域划分和网络安全防护、监测、响应及恢复的要求;

2 安全策略配置应符合各安全设施之间联动的要求,形成一体化的网络安全保障体系。

【条文说明扩展】

安全策略配置应符合下列规定:

(1)安全策略配置应依据安全设计中的网络安全策略方案,将系统分解为若干个边界清晰、功能近似的安全域,并从不同安全域的业务需求及数据构成出发,通过风险分析确定安全威胁和风险,明确防护重点,确定不同安全域的安全需求。参考网络安全等级保护要求,针对不同安全域的安全需求,制定并实施网络安全设施相应的安全策略配置。

（2）安全策略配置时应考虑实现安全防护设施、安全监测设施、安全响应设施和安全恢复设施之间的相互联动协作，实现安全信息共享、综合分析研判及处置，提高网络安全保障体系整体运行效率，将网络攻击行为阻拦于起始状态。

5.4.8 设备其他配置应符合下列规定：

1 在配置过程中发现设备存在安全漏洞等网络安全缺陷时，应当立即采取安全加固等补救措施；

2 设备应关闭不必要的服务、端口；

3 设备应安装最新的安全补丁，补丁在安装前应进行测试确认。

【条文说明扩展】

设备其他配置应符合下列规定：

（1）应关注CVE、CNVD等漏洞收集发布平台信息，了解系统使用的各组件的开发商和产品版本，若发现漏洞应及时更新补丁或使用缓解型措施。

（2）设备按最小业务所需开通服务端口，应根据服务及端口的对应关系列表关闭无关的服务及端口。

（3）设备应更新至最新的安全补丁，应在更新安全补丁前进行充分测试，确保补丁包能够正常稳定运行，包括主机操作系统稳定性测试以及安全系统功能性测试，测试完成后方可在生产环境进行安全补丁更新。若需重启的，应制定重启计划，并将计划发布给用户。

5.5 施工管理要求

5.5.1 对于投资1 000万元以上或涉及多个施工单位的网络安全设施工程宜聘请工程监理单位参与工程建设管理。

【条文说明扩展】

投资1 000万元及以上的网络安全设施工程一般属于中大型项目，建设周期长，成本控制要求高，签订合同多，影响范围大，宜聘请专业的工程监理单位参与工程建设管理。涉及多个施工单位的网络安全设施工程，质量标准难统一，管理协调难度大，亦宜聘请工程监理单位参与工程建设管理。工程监理主要职责是“四控三管一协调”，即投资控制、进度控制、质量控制、变更控制、合同管理、信息管理、安全管理、沟通协调。投资不足1 000万元的网络安全设施工程，可按照上级主管部门要求，以及建设方工程管理经验、管理人员是否满足工程建设管理要求，酌情聘请工程监理单位参与工程建设管理。

5.5.2 施工单位在网络安全设施工程建设过程中应通过质量监测分析、改进活动确保工程质量目标的实现。

【条文说明扩展】

工程质量监测分析是对工程实体的一个或多个特性进行的诸如测量、检查、试验或度量，并将结果与设计要求和质量目标进行比较，以确定每项特性的合格情况而进行的活动。质量监测分析需经过“测、比、判”活动，从而对不符合质量目标的情况做出处理并进行质量改进活动，形成《质量监测分析报告》。

《质量监测分析报告》主要目标：

(1)判断工程网络安全产品、工艺材料等质量是否符合质量要求或设计标准。

(2)判定施工工序是否正常，测定工序能力，进而对工序实行质量控制和改进活动。

(3)评定工程产品质量的等级。

《质量监测分析报告》主要内容：

(1)简述网络安全工程主要建设内容；

(2)简述检查的工程关键部位及检查情况；

(3)简述检查结果。把检查中各个环节所显示出的各种数据，按质量目标进行质量评定，作出合格或不合格的基本评价；

(4)找出影响质量或产生质量偏差的原因；

(5)提出明确的进一步提高质量的改进活动。

质量改进活动是一个计划、执行、检查和处理的PDCA循环，包括制定质量方针、质量目标、质量计划书、质量管理项目等；按质量计划去做，落实具体质量对策；实施了具体质量对策后，验证其效果；总结成功经验，实施标准化，后续可以按该标准进行。对于没有解决的质量问题，转入下一轮PDCA循环解决，为制定下一轮改进计划提供资料。

5.5.3 施工单位应建立网络安全设施工程的协调机制，应保持与建设单位、监理单位及其他第三方之间的沟通协作。

【条文说明扩展】

施工单位与建设单位沟通协作内容包括施工入场手续问题、工程付款安排、工程总体进度计划要求、工程总体进展情况、工程质量/进度面临主要问题、工程所需资源情况、工程解决方案、工程验收及售后服务情况等。

施工单位与监理单位沟通协作内容包括施工入场准备情况、到货验收程序、施工工艺标准、施工进度和质量问题、加电测试方案、隐蔽工程检查、设计变更、施工程序文件、周报/月报制度、例会制度、验收所需材料等；

施工单位与其他第三方之间沟通协作内容包括与设计院沟通协作设计交底、设计变更问题，与设备厂商沟通协作设备到货验收、设备操作手册、配置文件编写、设备性能指标、设备故障告警、设备维保期限等。

施工单位建立的安全工程协调机制应包括周/月工程协调例会、不定期项目协调会、电子邮件沟通、电话或口头沟通、专题报告等。

5.5.4 施工单位应该按设计方案进行施工，并应定期检查与设计方案的一致性情况并记录检查结果。当需要设计变更时，应提交建设单位及设计单位审核，审核通过后方可按变更后的方案继续施工。

【条文说明扩展】

施工单位应熟悉设计方案、工艺要求、安装要求和其他施工注意事项等，并严格按照设计方案实施建设，并应定期检查与设计方案的一致性情况并记录检查结果。当施工方案与设计方案不一致需要变更时，施工单位内部应对设计变更进行内部审查确认，严格按照已制定的设计变更流程，向监理单位提交《设计变更单》。《设计变更单》应包含设计变更原因，设计变更事项，设计变更内容，设计变更提出时间/地点，并预留建设单位、监理单位、设计单位、施工单位签字盖章位置。监理单位就《设计变更单》内容向建设单位及设计单位提交审核，各方审核并签字确认后由设计单位修改定稿变更后的设计方案，施工单位方可按照变更后的方案继续施工。

5.5.5 网络安全设施工程建设中，施工单位应对工程中安装的设备进行边建设边测试，以评估其功能、性能是否符合工程设计的要求，并应进行工作文档记录，文档应包括测试指标、测试方法、测试结果。

【条文说明扩展】

施工单位应提交施工过程中《网络安全设备施工现场测试报告》等文档记录，文档记录需对网络安全设备的测试指标、测试方法、测试结果进行说明。

(1)测试指标：包括设备基本测试(安装测试、接口测试、链路测试、连通性测试、错包率、质量测试、安全策略测试、热备份测试等)、可靠性测试、维护性测试、功能测试(增、删、查、改等)、性能测试(负载测试、压力测试、稳定性测试)、界面测试、兼容性测试、安全性测试、仿真测试等。

(2)测试方法：可采用仿真环境测试方法、真实环境测试方法、渗透测试方法等。

(3)测试结果：测试完成后根据测试结果形成《网络安全设备施工现场测试报告》，记录测试目的、测试地点、测试环境、测试步骤、测试内容、测试结论，并由用户代表和施工测试代表签字确认。

5.5.6 在网络安全设施工程实施过程中，施工单位应向建设单位或监理单位提交工程实施计划、工程进度安排、工程进展状况、工程问题报告、工程解决方案等工程资料。

【条文说明扩展】

工程实施计划是对工程整体实施安排进行计划，包括实施所涉及的各个方面，如实施准备、开工申请、设备验货、资源申请、安装调试、工程维护、工程验收、培训方案、售后服务等。在工程实施过程中，如因故不能按实施计划进行，项目经理应及时请示建设单位或监理单位，并组织实施人员对实施计划进行调整。

施工组织方案应根据工程总体进度安排和网络安全工程施工步骤合理制订施工进度计划，展示施工活动之间的相互关联，以及计划日期、持续时间、里程碑和所需资源，至少包括每个施工活动的计划开始时间与计划结束时间。其中，里程碑包括但不限于项目组成立、项目启动会、现场勘察调研、编写实施方案、设备到货及签收、设备安装调试、网络安全配置及联调测试、项目初验、系统试运行、项目终验。

施工单位应制订完善的工程进展状况报告制度，以周报、月报形式定期向建设单位汇报工程总体进展情况，工程已完工作量，工程实际进度偏差和质量偏差及其原因，工程面临主要问题及解决方案，工程所需资源申请，下一步工作计划等。

工程问题报告，施工单位应及时对施工过程中发生的问题进行汇总、记录、分析和跟踪，并以专题形式形成工程问题报告。工程问题报告类型包括但不限于工程质量问题报告、工程进度问题报告、工程管理问题报告、工程协调问题报告等，报告主要内容应说明问题发生时间和地点、问题产生原因、问题影响范围、问题责任方、问题解决办法或方案、问题解决所需资源和问题跟踪情况等。

工程解决方案，施工单位应针对承接的网络安全设施工程制订全面、细致、指导性强、符合现行国家或行业相关标准规范的工程解决方案，向建设单位或监理单位提交。工程解决方案包括但不限于施工组织计划、现场文明施工专项方案、临时用电专项施工方案、网络安全设备安装专项施工方案、网络安全设备配置专项施工方案等。

5.5.7 在网络安全设施工程交付前，施工单位应为建设单位的安全运行维护人员提供必要的网络安全设备知识与运维技能培训。

【条文说明扩展】

施工单位应为建设单位的安全运行维护人员制订针对性的培训目标、培训计划、培训内容，使安全运行维护人员能够掌握必要的安全设备知识和运维技能。

(1)培训目标：

1)掌握网络安全设施的基本架构、工作原理和基础知识；

2)掌握网络安全设备、网络安全软件等产品的技术知识；

3)熟练操作网络安全设备；

4)能独立进行设备管理、故障处理、日常监测维护等工作，确保系统能正常安全运行；

5)能够现场排除设备出现的常见告警和故障。

(2)培训计划：

1)按施工单位承诺的培训人・天和培训人・次制订培训计划；

2)培训时间和培训地点由施工单位与建设单位协商确定；

3)由施工单位提供培训师资、培训所需教材和培训实践环境；

4)培训形式以集中基础理论培训与现场实践技能培训相结合，集中基础理论培训采用课堂授课形式，使培训对象能够充分理解理论知识，掌握网络安全产品配置、管理和维护方法；现场实践技能培训为培训对象提供网络安全设备安装、参数配置、网络调试等操作环境，并参与设备告警和故障处理工作。

(3)培训内容：

1)网络安全基础知识；

2)网络安全设备基本运行原理；

3）网络安全设备的安装、基本配置、操作管理、基本维护等；

4）现场安装示范；

5）现场设备操作、告警处理、故障处理等。

（4）培训实施流程：

1）培训准备阶段。了解培训需求，确定培训策略，编制培训方案，落实培训设备，准备培训环境，并向建设单位提交《培训大纲》；

2）培训实施阶段。实施授课，实施服务保证，实施关怀服务，培训质量跟踪调查，培训服务调整；

3）培训评估阶段。培训质量评估，培训结业测试，跟进培训需求，并收集《培训反馈表》，编制《培训总结报告》。

6　网络安全设施工程验收

6.1　一般规定

6.1.1　网络安全设施工程验收应与互联网业务系统建设工程验收同步进行。

【条文说明扩展】

《中华人民共和国网络安全法》中明确了建设关键信息基础设施的三同步原则，"安全技术措施同步规划、同步建设、同步使用"，互联网业务系统建设单位在项目建设中应落实三同步原则，在项目建设完成进行验收时，同步进行网络安全设施工程的验收，确保业务系统在投入生产运营时，处于持续网络安全保障的状态。

6.1.2　网络安全设施工程验收应以网络安全设施工程设计及工程合同技术规范书的相关要求作为依据，应编制网络安全设施工程测试方案。测试方案应涵盖网络安全防护、监测、响应、恢复等各类安全设施的功能和性能测试，并应测试各类网络安全设施间的联动性和整体有效性。在验收过程中应对测试方案中的项目逐项进行测试验证。

【条文说明扩展】

互联网网络安全设施工程可以作为互联网业务系统工程的配套工程单独立项，也可以作为互联网业务系统工程的分项工程。网络安全设施工程验收可以单独进行，也可以与业务系统工程验收同时进行。应根据业务系统自身的特点编制验收测试方案，如业务系统确定了等级保护级别，或者属于关键信息基础设施，测试方案应参照等级保护相应级别要求和关键信息基础设施保护要求编制，测试方案中的项目应覆盖网络安全工程设计规范和技术规范中对功能和性能的全部要求。验收应按照测试方案逐条进行，并记录测试结果。技术规范中的必选功能要求应完全满足方可记录为通过，性能测试结果应达到技术规范中的最低要求方可记录为通过。网络安全工程测试中必选功能如有一项不满足要求，或者关键性能测试如有一项未达到最低要求，均应视为验收测试不通过，应进行整改处理后，重新进行测试。

6.1.3 已安装的网络安全设备应符合下列规定：

1 标志应齐全、正确；

2 各种零件、配件安装位置应正确，数量应齐全；

3 各种选择开关应按设备技术说明书置于指定位置；

4 各类设备的规格应符合设备技术说明书的要求；

5 设备接地应良好、可靠；

6 电源引入线极性应正确，连接应牢固可靠。

【条文说明扩展】

网络安全工程验收前应对工程施工完成的网络安全设备进行检查，按照设计要求和设备合同检查设备规格、型号，按照项目建设单位工程管理和运维规范要求检查设备标签，按照设计图纸检查设备接地和电源线引接是否符合设计要求。

6.1.4 网络安全设施工程验收前施工单位应完成工程竣工技术文件的编制。

【条文说明扩展】

工程完工后，施工单位应及时编制整理竣工技术文件。工程验收前应向工程主管部门提交竣工技术文件，文件内容和数量应按工程主管部门的具体要求提供。竣工技术文件应保证质量，外观整洁，内容齐全，数据准确，符合归档要求。

【实施方案举例】

网络安全设施工程竣工技术文件一般可包含下列文档：

(1)工程说明；

(2)工程设计文件；

(3)开工报告；

(4)工程设计变更单；

(5)重大工程质量事故报告；

(6)隐蔽工程随工验收签证和检查记录；

(7)交(完)工报告；

(8)交接书；

(9)验收证书；

(10)测试记录；

(11)竣工图纸；

(12)其他相关记录。

6.1.5 网络安全设施工程验收前施工单位应协助建设单位制定网络安全管理制度和操作规程，并应完成对操作维护人员的技术培训。

【条文说明扩展】

网络安全管理制度和操作流程对业务系统的日常运维和网络安全管理非常重要。在网络安全工程验收前，施工单位应根据系统的安全等级，依照国家相关法律法规及政策规定，协助建设单位在本单位网络安全管理的总体方针和安全策略框架下，制定本工程的网络安全管理制度和操作规程，规范各种安全运维活动的管理制度，建立管理人员和操作人员的日常操作规程。网络安全工程验收前应完成业务系统网络安全操作维护人员的技术培训，确保系统上线运行时，网络安全功能的正常运行。

【实施方案举例】

网络安全管理制度和操作规程可包括但不限于以下部分：

机房、主机设备、介质安全、网络设施、物理设施分类标记等系统资源安全管理规定；

安全配置、系统分发和操作、系统文档、测试和脆弱性评估、系统信息安全备份和相关的操作规程等系统和数据库方面的安全管理规定；

网络连接检查评估、网络使用授权、网络检测、网络设施(设备和协议）变更控制和相关的操作规程等方面的网络安全管理规定；

应用安全评估、应用系统使用授权、应用系统配置管理、应用系统文档管理和相关的操作规程等方面的应用安全管理规定；

人员安全管理、安全意识与安全技术教育，操作安全，系统运行记录，系统维护，网络互联，安全审计，安全事件报告，事故处理，应急管理，灾难恢复和相关的操作规程等方面的运行安全管理规定；

信息分类标记、文档管理、存储介质管理、第三方访问控制和相关的操作规程等方面的信息安全管理规定。

6.1.6 网络安全设施工程验收应包括工程初验、工程试运行、工程终验三个阶段的工作。

【条文说明扩展】

网络安全设施工程验收和业务系统工程验收同步实施，包括初验、试运行和终验三个阶段。网络安全设施工程验收由工程验收组织部门负责组织相关部门、单位参加，组成验收小组。验收小组由业务需求部门、使用部门、维护接收部门、相关职能管理部门（如财务、法律、监察）、设计、施工、监理和主要设备厂家等部门和单位的人员共同组成。

6.2 工程初验

6.2.1 工程初验应按照工程合同及设计要求开展下列工作：

1 对设备进行清点核实；

2 对工程安装工艺质量进行检查；

3 对系统功能、性能、可靠性进行测试；

4 对竣工文件进行审查；

5 对已安装设备和技术文件进行移交。

【条文说明扩展】

工程初验应在完成全部施工，设备系统安装、调测完毕，各系统的功能和性能经检查合格，竣工文件编制完毕且施工单位向建设单位提交完工报告后，由建设单位组织开展。

6.2.2 网络安全设施工程初验测试应严格按照工程测试方案进行，并应符合下列规定：

1 对于网络安全设施新建工程，应进行端到端测试，压力测试应使用专用测试工具进行；

2 对于网络安全设施改扩建工程，对于可能影响到现网业务的测试，应编制割接方案和应急回退预案。

【条文说明扩展】

网络安全设施工程初验测试应按照第6.1.2条中编制的验收测试方案进行。

对于新建工程，应根据安全保障要求开展典型业务场景的端到端测试，对于有性能要求的功能，应在安全设施上线前使用专用压力测试工具模拟相应的流量压力进行测试，在端到端业务测试和压力测试中，均应验证网络安全设施是否达到设计的功能和性能要求。

对于网络安全设施改扩建工程，由于相关设施已上线运行，对现有设备进行的扩容和改建可能会影响已上线的安全保障功能。在工程验收前，建设部门应与运维、设计、集成等部门和单位分析改扩建工程上线时可能引起的安全保障能力中断情况，根据业务服务级别编制业务割接方案，确保割接时安全保障服务质量在规定门限内。割接方案中应包括应急回退预案，当安全设施上线割接失败时，能够确保安全设施恢复到割接前的状态。

6.2.3 初验测试发现主要指标和性能达不到要求时，应及时处理，问题解决后再进行重新测试。

【条文说明扩展】

初验测试中如有主要指标和性能达不到要求时，施工单位应组织相关人员及时处理，问题解决后，需按照验收测试方案进行重新测试，直至测试通过。

6.2.4 工程初验中移交的技术文件的介质形式、份数、内容应符合工程合同要求。技术文件内容可包括下列内容：

1 资产明细表；

2 说明文件；

3 硬件资料；

4 软件资料；

5 设备配置文件；

6 施工图纸；

7 技术手册；

8 日常操作维护指导；

9 设备安装、测试资料及各种记录；

10 安全风险评估报告；

11 其他相关文件。

【条文说明扩展】

工程初验时，施工单位需向建设单位移交工程相关的文件材料，文件的格式和内容除应符合工程合同要求外，还应符合建设单位工程管理的相关要求。其中安全风险评估报告应根据互联网业务特征委托具有相关风险评估服务资质的单位出具，对网络安全设施的有效性及整个业务系统的安全风险进行客观评估。对于有定级备案要求或者等级保护要求的业务系统，还应对照相应等级按照相关法规要求同时完成网络安全测评工作，并出具测评报告。

6.2.5 初验通过应符合下列规定：

1 网络安全设施设备数量、硬件配置、软件参数以及设备安装应符合工程设计要求；

2 网络安全设施配置、安全策略设置以及软件数据参数应符合工程设计及技术要求；

3 网络安全设施工程测试方案应通过逐项验证，不得存在重大不合格项；

4 工程技术文件应齐全。

【条文说明扩展】

工程初验中，应逐条检查上述工程条件是否符合要求，当全部条件皆满足要求后，初验方可通过。

6.2.6 网络安全设施工程初步验收通过后，应形成初步验收报告，初验报告中应列出工程中的遗留问题，并应明确遗留问题的责任单位和解决时限。

【条文说明扩展】

工程初验中，逐条检查上述规定是否符合要求，当全部规定满足要求后，初验通过。如系统出现重大问题不能通过初步验收，验收小组应督促组织相关责任单位落实解决，并制订新的验收计划。

6.2.7 工程初验通过后，施工单位应向建设单位移交所有的设备系统口令和测试账号内容。建设单位应检查所有的口令设置，并应根据有关要求重新进行设定。

【条文说明扩展】

工程通过初验后，施工单位应将所有设备系统的口令账号及时移交给工程建设单位，工程建设单位应按照第6.1.5条中网络安全管理制度和操作规程的要求对口令账号进行重新设定。

6.3 工程试运行

6.3.1 工程初验通过后，工程建设单位应安排网络安全设施进入试运行状态，试运行阶段应从工程初验合格、网络割接后开始，试运行期间应加载部分互联网业务并检验网络安全设施的有效性。

【条文说明扩展】

网络安全设施应与互联网业务系统同时上线进入试运行期，网络安全防护、监测、响应和恢复设施应按照设计要求开启相关功能，为业务系统提供全方位网络安全保障。互联网业务在试运行期间应逐步加载业务，并应通过渗透测试、攻防演练等方式查验网络安全防护、监测、响应和恢复手段的有效性。试运行期间，相关数据资源应按照建设单位运行维护要求录入至指定平台和系统。

6.3.2 网络安全设施工程试运行时间不应少于3个月，网络安全设施新建工程试运行期可适当延长，但不宜超过6个月。

【条文说明扩展】

网络安全设施工程的试运行时间不应少于业务系统的试运行时间，试运行时间应按照合同约定的期限，一般不应少于3个月，以充分发现安全设施潜在的问题和隐患。对于网络安全设施新建工程，试运行期可适当延长，但一般不宜超过6个月。

6.3.3 试运行应由建设单位组织安全运维人员执行。在试运行期间，应做好下列记录内容：

1 设备稳定性和故障率；

2 各项设备功能指标是否满足工程设计及合同要求；

3 各项设备性能指标是否满足工程设计及合同要求；

4 观察记录各网络安全防护、监测、响应和恢复设施间的联动性。

【条文说明扩展】

网络安全设施试运行是安全设施上线，逐步开始加载业务后的运行状态，试运行是正式投入生产之前的阶段。在试运行阶段，能够在真实环境中检验网络安全设施能否为业务系统提供所需的网络安全保障，发挥防护、监测、响应和恢复等作用。因此试运行阶段运行维护人员需要做好各项记录，观察设备的各项指标，及时发现问题和异常，为工程正式竣工上线做好技术准备。

6.3.4 对试运行阶段发现的问题，施工单位应及时进行整改以满足工程设计及合同要求。

【条文说明扩展】

试运行阶段由于系统运行在真实环境中，有些问题是系统上线前仿真测试无法发现的，对于试运行阶段发现的问题，施工单位应及时组织相关人员解决，并进行记录。

6.3.5 试运行期满时，系统功能和性能指标如能达到工程设计及合同的全部要求，安全运维人员应提交试运行报告并提请工程建设单位组织工程终验。否则，工程应重新进入试运行阶段。

【条文说明扩展】

试运行期结束后，运行维护部门根据试运行情况，以及工程初验遗留问题解决情况，编制试运行报告，提交验收小组，验收小组根据试运行报告情况检查工程功能和性能指标是否能够达到要求。如达到要求，验收小组可以组织工程终验，如未达到要求，施工单位应及时解决相关问题，并重新进入试运行阶段。

6.4 工程终验

6.4.1 试运行结束后，当系统各项功能、性能已达到工程合同及设计要求且工程遗留问题已经解决时，工程建设单位应组织工程终验。

【条文说明扩展】

网络安全设施工程需为互联网业务系统提供安全保障能力，网络安全设施工程的终验可与业务系统终验一起进行，亦可单独进行。网络安全设施工程通过终验应作为互联网业务系统通过终验的前提条件，如网络安全设施工程未通过终验，业务系统亦不应通过终验上线运行。网络安全设施工程终验小组成员组成宜与初验小组人员组成相同。

6.4.2 工程终验应包括下列内容：

1 确定各阶段检查、测试结果，工程试运行情况；

2 核查工程初验提出的遗留问题处理情况；

3 审阅工程试运行报告；

4 验收组认为必要的抽查复验；

5 检查工程技术档案的整理情况；

6 对工程进行评定和签收。

【条文说明扩展】

工程终验过程中，验收小组应逐项检查本条款中列出的内容，重点针对初验遗留问题处理结果进行检查，确保遗留问题全部解决。此外，工程技术档案文档格式、文档内容必须准确完整，无遗漏。最后，验收小组应对工程是否通过终验给出明确意见。

6.4.3 工程终验通过应符合下列规定：

1 工程初步验收和试运行期间的相关遗留问题应已全部解决；

2 工程竣工验收所需的全部文档应已完成整理备案；

3 应形成竣工验收报告。

【条文说明扩展】

网络安全设施工程终验通过至少应满足本条款规定的相关条件，同时根据建设单位工程管理需求，施工单位还应补充所需的其他终验材料。

6.4.4 网络安全设施工程终验后，工程建设单位可适时对网络安全设施的运行效率、使用效果等情况进行后评价。

【条文说明扩展】

网络安全设施工程为互联网业务系统的正常运行提供安全保障，只有当互联网业务系统上线，与网络安全设施同步正式投入运行时，网络安全设施为业务系统提供的安全防护才能发挥作用。因此，网络安全工程终验后，需要适时检查网络安全设施的运行效率和使用效果，按照网络安全管理规定及时更新网络安全策略，并对安全保障的具体效果进行后评价，为网络安全设施更新升级提供依据。

7 网络安全设施运行维护

7.1 一般规定

7.1.1 网络安全设施工程的质量保修期限应遵守工程设备采购及施工合同的相关条款约定，不宜低于工程终验合格之日起2年。

【条文说明扩展】

在网络安全设施工程设备采购及施工合同中应明确网络安全设施工程的质量保修范围和内容、保修期限、保修责任、保修费用以及其他保修相关的事项，且可以要求设备厂商及施工单位在保修期内提供检测分析报告等技术服务。对于保修期外的技术服务，设备厂商及施工单位可以根据自身服务的特点，提出相应的技术服务建议，合同中的保修期限一般不宜低于工程终验合格之日起2年。

7.1.2 网络安全设施工程建设单位可委托专业安全运行维护单位负责网络安全设施的运行维护工作，建设单位应为运行维护单位提供必要的运行维护信息和工作环境。

【条文说明扩展】

对于委托专业安全运行维护单位负责网络安全设施的运行维护工作的建设单位，应确保运维服务商的选择符合国家的有关规定，并与选定的运维服务商签订相关的协议。在协议中应明确运维工作的范围、内容以及所有相关的安全要求，例如，可能涉及对敏感信息的访问、处理、存储要求，对网络基础设施中断服务的应急保障要求等，确保选择运维服务商在技术和管理方面均具有按照要求开展安全工作的能力，并将能力要求在双方签订的协议中明确。

【实施方案举例】

网络安全运维外包管理具体要求如下：

(1)应制定安全运维外包管理制度,确保外包团队的专业性,并传达组织对安全的期望。

(2)应确保系统集成人员、安全服务人员以及相关管理人员获得国家权威部门颁发的信息安全人员资质认证。

(3)应与选定的产品供应商、软件开发商、系统集成商、服务商和机构等签订安全责任合同书或保密协议等文档,其内容应至少包含保密范围、安全责任、违约责任、协议的有效期限和责任人的签字等。

(4)应与安全运行维护服务商签订服务合同,至少包含服务内容、服务期限、技术培训和服务承诺。

7.1.3 承担网络安全设施工程运行维护的单位应具备对网络安全风险及事件进行研判和处置的能力,相关运行维护管理工作应符合现行国家标准《信息安全技术　信息系统安全运维管理指南》GB/T 36626 的有关规定。

【条文说明扩展】

网络安全事件是指由于自然灾害、人为原因、软硬件缺陷或故障等,对网络和信息系统或者其中的数据造成危害,对社会造成负面影响的事件。依据现行国家标准《信息安全技术　信息安全事件分类分级指南》GB/Z 20986,网络安全事件分为有害程序事件、网络攻击事件、信息破坏事件、网站安全事件、设备设施故障、灾害性事件和其他事件,按照故障影响范围、系统损失和社会影响,分为四级:特别重大(Ⅰ级)、重大(Ⅱ级)、较大(Ⅲ级)、一般(Ⅳ级)。

7.1.4 运行维护单位应在网络安全设施工程建设单位的认可和支持下,建立健全运行维护管理制度、应急处理制度及重点设施保障制度。

【条文说明扩展】

网络安全运行维护单位应制定网络和系统安全管理制度,建立健全安全管理责任制,确保各类安全设施及其保障的互联网业务系统稳定、安全、高效运行。应建立网络安全事件应急预案管理制度，确保信息系统的连续性，系统地、有组织地做好应急预案的管理工作，尽量降低风险，减少损失，最大限度地降低业务系统故障给业务运营所造成的影响。针对关键信息基础设施，应以关键信息基础设施保护条例和网络安全等级保护法规为基础，制定专门的安全保障制度，开展定级备案、等级测评、安全建设整改、安全检查等强制性、规定性工作。

【实施方案举例】

在发生网络安全事件时，应及时启动下列网络安全事件应急响应流程，应急响应流程图如图1所示。

(1)事件分析。

事件分析主要完成如下工作：

1)在发生信息安全事件后，应急响应工作小组对事件进行确认。

2)确认为信息安全事件后，根据应急处理事件分类规则对事件进行定性、定级和上报。

3)根据对事件的初步分析，确定应急处理方式，如果应急响应工作组以自身力量无法处理的事件，由应急工作小组向上级领导或上级机关提出应急支援请求。

(2)事件处理。

事件处理主要包括以下内容：

1)泄密安全事件发生时，要及时用口头或书面形式向保密工作部门如实报告并上报上级主管部门的保密机构，同时采取断开网络、改变或终止用户权限等措施切断泄密源头，控制泄密范围，并及时对系统隐患进行修补。在对系统的泄漏隐患或风险进行重新评估，确认安全后，系统方能重新运行，对事件类型、发生原因、影响范围、补救措施和最终结果进行详细记录。

2)系统运行安全事件发生时，应分析是否存在针对该事件的特定系统预案，如果存在则启动特定系统应急预案，如果涉及多个特定系统预案，应同时启动所有涉及的特定系统预案。分析是否存在针对该事件的专题预案，如果存在则启动专题预案，如果事件涉及多个专题预案，应同时启动所有涉及的专题预案。

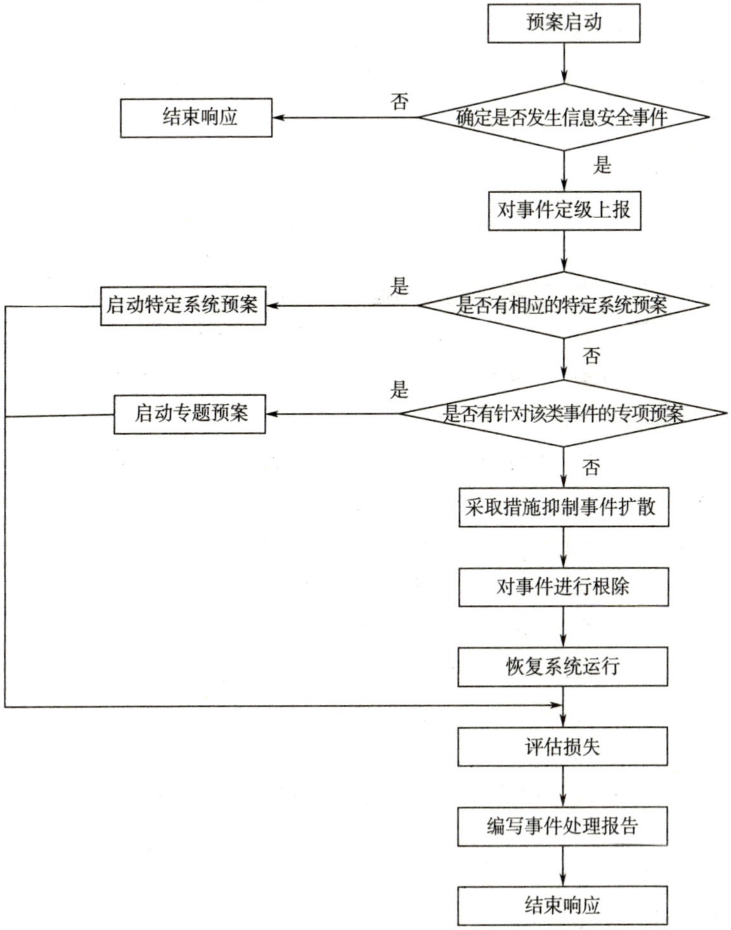

图 1　网络安全事件应急响应流程图

3)如果没有针对该事件的应急预案，应根据事件具体情况，采取抑制措施，抑制事件进一步扩散，并根除事件影响，恢复系统运行。

(3)结束响应。

系统恢复运行后，应急响应工作组对事件造成的损失、事件处理流程、应急预案进行评估，对响应流程、预案提出修改意见，撰写事件处理报告。应急响应工作组应根据信息安全应急预案要求，确定是否需要上报该事件及其处理过程，需要上报的应及时准备相关材料，上报上级机关。

7.2 安全运行维护要求

7.2.1 运行维护单位应制定网络安全事件应急响应计划并定期演练，所制定的应急响应计划应符合现行国家标准《信息安全技术 信息安全应急响应计划规范》GB/T 24363 的有关规定。

【条文说明扩展】

运行维护单位的一个重要工作职责就是应对处置各类网络安全事件，制定应急响应计划并定期演练是安全运行维护工作中的重要环节。归根结底，安全不是一个静态的“状态”，而是一个动态的“过程”，应急响应就是为应对这个动态过程而做的一系列举措。一般而言，一个完善的应急响应计划应包含以下三个阶段：事前准备阶段、事中应急阶段以及事后总结阶段，主要从风险评估、策略制定、应急演习、应急培训、应急处置、经验总结等方面制定科学、详尽的计划。

7.2.2 运行维护单位在网络安全设施运行维护过程中，应做好人员权限管控和操作日志审计，并应防止安全策略被篡改等内部人员的违规行为。

【条文说明扩展】

传统的安全设施运行维护侧重于对外部攻击的防范，以及网络边界的访问控制，却对系统内部人员行为缺乏有效的管理。运行维护单位应建立基于用户角色的权限规划和管理规范，针对不同用户，可根据其角色定位提供灵活可变的授权，并辅以相应的操作日志审计，保证安全性。

【实施方案举例】

在日常安全运行维护工作中，应重点关注高权限人员的权限管控，对于高权限人员可以从授权审批、违规识别以及高危操作提示与阻断等方面进行管控。除了通过用户权限管控限制用户访问敏感设施和敏感数据之外，在安全策略等敏感数据访问日志中记录用户访问数据的痕迹，或者在用户界面中使用隐写术嵌入用户身份信息，实现敏感数据泄露溯源追责定责都是常用的方法。

7.2.3 运行维护单位在执行涉及网络安全设施重要配置改动等高风险操作时，应提前通知互联网业务运营单位并应做好重要数据的备份和回滚方案。

【条文说明扩展】

数据安全性是网络安全的核心。针对涉及网络安全设施重要配置改动的高风险操作有可能对互联网业务系统的数据安全带来挑战，如果业务系统没有及时采取数据备份和回滚方案，可能造成无法弥补的损失。在采取上述操作前应提前通知互联网业务运营单位提前做好重要数据的备份和回滚方案，数据备份和恢复是保护数据安全性的重要手段，也是主动应对网络攻击的重要防线。

7.2.4 运行维护单位应定期开展对网络安全设施的安全风险评估工作，并应做好网络安全风险管理，相关工作应符合现行国家标准《信息安全技术　信息安全风险评估规范》GB/T 20984 和《信息安全技术　信息安全风险评估实施指南》GB/T 31509 的有关规定。

【条文说明扩展】

风险即威胁因素利用安全漏洞实现网络攻击，从而让资产受到影响的潜在可能。威胁是产生风险的外因，漏洞则是产生风险的内因，两者共同作用产生了风险。网络安全风险评估工作的主要目的是识别系统面临的威胁、判别威胁可能带来的影响、评估威胁发生的可能性或者概率。运行维护单位需要定期了解网络安全设施的风险情况，从而有针对性地主动开展安全加固和风险管控工作，从而减少重大安全事件发生及由其造成的损失。

【实施方案举例】

在网络运行维护阶段，网络安全风险评估主要包括系统分析、威胁分析、安全测试、安全问题定级、制定风险管理措施等环节，相关流程图如图 2 所示。

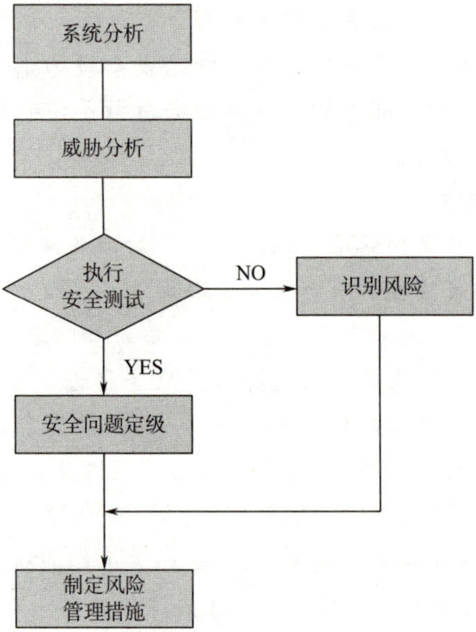

图 2　网络安全评估流程图

7.2.5　运行维护单位应定期开展网络安全设施运行状态巡查，依照标准化流程，了解网络安全设施整体的工作状态，及时排除故障隐患，并应做好运行维护日志记录。

【条文说明扩展】

网络安全设施运行状态巡查是通过定期巡查掌握设备运行状态及异常告警情况，提前发现设施异常和故障隐患，并及时采取措施进行隐患排除。安全设施运行状态巡查应严格按照标准化流程执行，避免巡查不到位、漏查或者巡查不及时等问题。除此之外，还需及时做好运行维护日志，确保人员能够及时、准确、全面地了解设施运行情况和巡查处置结果。

7.2.6 运行维护单位在运行维护过程中发现网络安全设施存在架构不完善、安全风险高、功能和性能不足等非工程质量类问题时，应及时反馈给网络安全设施工程建设单位。工程建设单位应将相关问题纳入后续网络安全改扩建工程的需求分析中。

【条文说明扩展】

当运行维护过程中发现存在的非工程质量类问题，应及时反馈给工程建设单位，工程建设单位可在后续改扩建工程中对网络安全设施进行新的规划和设计，从而确保网络安全设施能够适应不断发展和变化的安全需求。发现网络安全设施的实际成效和期望成效之间的偏差，并通过循环迭代不断加以改进，这本身也遵循互联网网络安全设施工程建设管理的 PDCA 原则。